Uma introdução à Matemática

ALFRED NORTH WHITEHEAD

Tradução e revisão: Bernardo Santos
Capa e diagramação: Késsia Lopes

W592   Whitehead, Alfred North; 1861-1947

   Uma introdução à Matemática / Alfred North Whitehead; tradução de Bernardo Santos. -- 1. ed. -- João Pessoa, PB : Diário Intelectual (Publicação Independente), 2021.
   167 p.; 21,59 cm
   Inclui: Bibliografia
   ISBN: 979-8-5031-6582-1

   1. A natureza abstrata da Matemática, 2. Variáveis
   I. Título.

CDD 510
CDU 51

Copyright da tradução em Língua Portuguesa © 2021 Diário Intelectual
Todos os direitos reservados.

Diário Intelectual
João Pessoa, PB

diariointelectualcontato@gmail.com
www.instagram.com/diariointelectual

Uma introdução à Matemática

ALFRED NORTH WHITEHEAD

Tradução: Bernardo Santos

δι

SUMÁRIO

Capítulo I	A natureza abstrata da Matemática	7
Capítulo II	Variáveis	12
Capítulo III	Métodos de Aplicação	19
Capítulo IV	Dinâmica	30
Capítulo V	O simbolismo da Matemática	40
Capítulo VI	Generalizações do Número	48
Capítulo VII	Números Imaginários	58
Capítulo VIII	Números Imaginários (continuação)	68
Capítulo IX	Geometria Analítica	76
Capítulo X	Secções Cônicas	86
Capítulo XI	Funções	97
Capítulo XII	Periodicidade na Natureza	109
Capítulo XIII	Trigonometria	115
Capítulo XIV	Séries	128
Capítulo XV	Cálculo Diferencial	144
Capítulo XVI	Geometria	155
Capítulo XVII	Quantidade	161
	Bibliografia	165

CAPÍTULO I
A NATUREZA ABSTRATA
DA MATEMÁTICA

O estudo da matemática está suscetível a começar em desapontamento. As importantes aplicações da ciência, o interesse teórico de suas idéias e o rigor lógico de seus métodos geram a expectativa de um rápido despertar de nosso interesse. Dizem-nos que é com a sua ajuda que as estrelas são pesadas e os bilhões de moléculas em uma gota d'água são contadas. No entanto, da mesma forma que ocorre com o fantasma do pai de Hamlet, essa grande ciência escapa aos esforços de nossas armas mentais para compreendê-la — "está aqui, está ali, desapareceu" — e o que conseguimos ver não nos sugere a mesma desculpa de ilusão, que é suficiente para explicar o fantasma, mas que é nobre demais para nossos métodos grosseiros. "Um espetáculo de violência.", se desculpável, certamente pode ser "oferecido" às conclusões triviais que ocupam as páginas de alguns tratados matemáticos elementares.

A razão desse fracasso da ciência em fazer jus à sua reputação é que suas idéias fundamentais não são explicadas ao estudante desvinculadas dos procedimentos técnicos que foram inventados para facilitar a sua apresentação exata em certos casos particulares. Assim, o infeliz aprendiz encontra a si mesmo lutando para extrair o conhecimento por meio de uma massa de detalhes que não são iluminados por qualquer concepção geral. Sem dúvida, a facilidade técnica é um requisito primordial para uma atividade mental valiosa: se necessitarmos de soletrar palavras e desconhecermos os tipos individuais das cartas, falharemos em apreciar o ritmo de Milton e a paixão de Shelly. Neste sentido, não existe uma estrada real para o aprendizado. Mas é igualmente um erro restringir nossa atenção a processos técnicos, excluindo a consideração das idéias gerais. Aqui está a estrada para o pedantismo.

O objetivo dos seguintes capítulos não é ensinar matemática, mas capacitar os estudantes desde o início de seu curso para que saibam o que é a ciência, e por que ela é necessariamente a base do pensamento exato como aplicado aos fenômenos naturais. Toda alusão que se segue a deduções detalhadas em qualquer parte da ciência será inserida apenas para fins de exemplo, e será tomado o cuidado de tornar o argumento geral compreensível, mesmo que aqui e ali alguns processos técnicos ou símbolos que o leitor não entende sejam citados para a finalidade de ilustração.

O primeiro contato que a maioria das pessoas tem com a matemática é através da aritmética. Que dois mais dois fazem quatro é normalmente tomada como o tipo de proposição matemática simples da qual todos terão ouvido falar. A aritmética, portanto, será um bom assunto a se considerar a fim de descobrir, se possível, a característica mais óbvia da ciência. Agora, o primeiro fato notável sobre a aritmética é que ela se aplica a tudo: aos gostos e aos sons, às maças e aos anjos, às idéias da mente e aos ossos do corpo. A natureza das coisas é perfeitamente indiferente, pois, para todas elas, é verdade que dois mais dois fazem quatro. Dessa forma, dizemos que a característica principal da matemática é que ela lida com propriedades e idéias que são aplicadas às coisas só por serem coisas, independente de qualquer sentimento particular, sensações ou emoções, de qualquer forma ligadas a elas. Isso é o que se pretende dizer quando chamamos a matemática de ciência abstrata.

A conclusão a que chegamos merece atenção. É natural pensar que uma ciência abstrata pode não ter muita importância nos assuntos da vida humana, pois omite-se de considerar tudo o que é de interesse real. Lembremos que Swift, em sua descrição da viagem de Gulliver à Laputa, defende opiniões contraditórias nesse ponto. Ele descreve os matemáticos daquele país como sonhadores bobos e inúteis, cuja atenção tem que ser despertada constantemente pelos "flappers". Além disso, o alfaiate matemático mede sua altura usando um quadrante, e deduz suas outras dimensões por meio de uma regra e do compasso, produzindo umas roupas muito mal ajustadas. Por outro lado, os matemáticos de Laputa, por meio de sua maravilhosa invenção da ilha magnética que flutua no ar, governaram o país e mantiveram sua ascendência sobre seus súditos. Swift, de fato, viveu em uma época peculiarmente inapropriada para escarnecer dos matemáticos contemporâneos. O *Principia* de Newton, uma das grandes forças que transformaram o mundo moderno, acabara de ser escrito. Swift se sairia melhor se risse de um terremoto.

Mas uma mera lista das realizações da matemática é uma forma insatisfatória de se chegar à idéia de sua importância. Vale a pena pensar um pouco na razão pela qual a matemática, graças à sua própria abstração, deve permanecer sempre um dos temas mais importantes para o pensamento. Tentemos deixar claro para nós mesmos por que as explicações da ordem dos acontecimentos tendem necessariamente a se tornar matemáticas.

Considere como todos os eventos estão interligados. Quando vemos o relâmpago, ouvimos o trovão; quando ouvimos o vento, olhamos para as ondas no mar; no frio do outono, as folhas caem. Em todos os lugares reina a ordem, de modo que quando algumas circunstâncias forem observadas poderemos prever que outras também se darão. O progresso da ciência consiste em observar essas interconexões e em mostrar com paciente engenhosidade que os eventos deste mundo em constante mudança são apenas exemplos de algumas conexões ou relações gerais chamadas leis. Ver o que é geral no que é particular e o que é permanente no que é transitório é o objetivo do pensamento científico. Aos olhos da ciência, a queda de uma maçã, o movimento de um planeta ao redor de um sol e o apego da atmosfera à terra são todos vistos como exemplos da lei da gravidade. Esta possibilidade de desembaraçar as mais complexas circunstâncias evanescentes em vários exemplos de leis permanentes é a idéia que controla o pensamento moderno.

Agora vamos pensar no tipo de leis que queremos, a fim de realizar completamente esse ideal científico. Nosso conhecimento dos fatos particulares do mundo ao nosso redor é obtido a partir de nossas sensações. Nós vemos, ouvimos, provamos, cheiramos, sentimos calor e frio, empurramos, esfregamos, sentimos dor e formigamento. Estas são apenas nossas próprias sensações pessoais: minha dor de dente não pode ser sua dor de dente, e minha visão não pode ser sua visão. Mas atribuímos a origem dessas sensações às relações entre as coisas que formam o mundo externo. Assim, o dentista extrai não a dor de dente, mas o dente. E não somente isso, nós também nos esforçamos para imaginar o mundo como um conjunto conectado de coisas subjacentes a todas as percepções de todas as pessoas. Não há um mundo de coisas para minhas sensações e outro para as suas, mas um mundo no qual ambos existimos. É o mesmo dente, tanto para o dentista quanto para o paciente. Também ouvimos e tocamos o mesmo mundo que vemos.

É fácil, portanto, entender que queremos descrever as conexões entre essas coisas externas de alguma forma que não dependa de nenhuma sensação em particular, nem mesmo de todas as sensações de quaisquer pessoas em particular. As leis respeitadas pelo curso dos acontecimentos no mundo das coisas externas devem ser descritas, se possível, de forma universalmente neutra, a mesma descrição para os homens cegos e surdos, e a mesma descrição para os seres com faculdades além de nossa compreensão, bem como para os seres humanos normais.

Mas, quando deixamos de lado nossas sensações imediatas, a parte mais útil do que resta — sua clareza, definição e universalidade — é composta de nossas idéias gerais das propriedades formais abstratas das coisas; de fato, as idéias matemáticas abstratas mencionadas acima. Assim, passo a passo, e não percebendo o sentido completo do processo, a humanidade foi levada a buscar uma descrição matemática das propriedades do universo, porque desta forma somente uma idéia geral do curso dos eventos pode ser formada, livre de referência às pessoas particulares ou a tipos particulares de sensação. Por exemplo, pode ser perguntado no jantar: "O que foi que me deu a sensação da vista, do tato, do gosto e do olfato?" sendo a resposta "uma maçã". Mas, em sua análise final, a ciência busca descrever uma maçã em termos das posições e movimentos de moléculas, uma descrição que ignora a mim e a você e a ele, e também ignora a visão, o tato, o gosto e o cheiro. Assim, as idéias matemáticas, por serem abstratas, fornecem exatamente o que se deseja para uma descrição científica do curso dos eventos.

Este ponto tem sido geralmente mal compreendido, por ter sido pensado de uma forma muito restrita. Pitágoras teve um vislumbre disso quando proclamou que o número era a fonte de todas as coisas. Nos tempos modernos, a crença de que a explicação final de todas as coisas se encontrava na mecânica newtoniana era uma prognóstico da verdade de que toda ciência, à medida que ela cresce em direção à perfeição, torna-se matemática em suas idéias.

CAPÍTULO II
VARIÁVEIS

A Matemática, como ciência, teve seu início quando alguém, provavelmente um grego, provou pela primeira vez proposições sobre *qualquer coisa* ou sobre *algumas coisas*, sem a especificação de coisas particulares definidas. Estas proposições foram enunciadas pela primeira vez pelos gregos para a geometria; e, de acordo com isso, a geometria foi a grande ciência matemática grega.

As idéias de *qualquer* e de *alguns* foram introduzidas na álgebra pelo uso de letras, em vez dos números determinados da aritmética. Assim, em vez de dizer que $2 + 3 = 3 + 2$, em álgebra generalizamos e dizemos que, se x e y representam dois números *quaisquer*, então $x + y = y + x$. Desse modo, no lugar de dizer que $3 > 2$, generalizamos e dizemos que, se x for *qualquer* número, existe *algum* número (ou números) y tal que $y > x$. Podemos observar de passagem que esta última hipótese — pois quando colocada em sua forma final estrita ela é uma hipótese — é de vital importância, tanto para a filosofia como para a matemática; porque por ela é introduzida a noção de infinito. Talvez, graças a isso, tenha sido necessária a introdução dos números arábicos, pelos quais o uso de letras que significam números definidos foi completamente descartado na matemática, a fim de sugerir aos matemáticos a conveniência técnica do uso de letras para expressar as idéias de *qualquer* número e de *algum* número. Os romanos teriam indicado o número do ano em que escrevemos esse livro na forma MDCCCCX, enquanto nós o escrevemos como 1910, deixando, assim, as letras livres para outro uso. Mas isso é mera especulação. Após o surgimento da álgebra, o cálculo diferencial foi inventado por Newton e Leibniz, e então uma pausa no progresso da filosofia do pensamento matemático ocorreu no que diz respeito a essas noções; e só nos últimos anos é que se percebeu o quanto *qualquer* e *alguns* são fundamentais para a própria natureza da matemática, resultando na abertura de mais temas para a exploração matemática.

Vamos agora fazer algumas afirmações algébricas simples, com o objetivo de entender exatamente como essas idéias fundamentais ocorrem.

(1) Para *qualquer* número x, $x + 2 = 2 + x$;
(2) Para *algum* número x, $x + 2 = 3$;
(3) Para *algum* número x, $x + 2 > 3$.

O primeiro ponto a notar são as possibilidades contidas no significado de *algum*, como aqui utilizado. Uma vez que $x + 2 = 2 + x$ para *qualquer* número x, isso é verdade para *algum* número x. Assim, como aqui o utilizamos, *qualquer* implica *algum* e *algum* não exclui *qualquer*. Já no segundo exemplo existe, de fato, apenas um número x, tal que $x + 2 = 3$, ou seja, apenas o número 1. Assim, o *algum* pode ser apenas um único número. Mas, no terceiro exemplo, qualquer número x que seja maior que 1 resulta que $x + 2 > 3$. Portanto, há um número infinito de números que correspondem ao *algum*, neste caso. Assim, *algum* pode ser qualquer coisa que fique entre *qualquer um* e *apenas um*, incluindo estes dois casos limitantes.

É natural substituir as declarações (2) e (3) pelas perguntas:

(2′) Para qual número x ocorre que $x + 2 = 3$?
(3′) Para quais números x ocorre que $x + 2 > 3$?

Considerando (2′), $x + 2 = 3$ é uma equação, e é fácil perceber que a sua solução é $x = 3 - 1 = 1$. Quando fizemos a pergunta implícita no declarar da equação $x + 2 = 3$, x é chamado de indeterminado. O objeto da solução da equação é a determinação desse indeterminado. As equações são de grande importância em matemática, e parece que $(2')$ exemplificou uma idéia muito mais completa e fundamental do que a declaração original (2). Mas isto, no entanto, é totalmente enganoso. A idéia da "variável" indeterminada, como ocorre no uso de "alguns" e "qualquer", é uma idéia realmente importante em matemática; a do "indeterminado" em uma equação, que deve ser resolvida o mais rápido possível, é apenas idéia de uso subordinado, embora, é claro, seja muito importante. Uma das causas da aparente trivialidade de grande parte da álgebra elementar é a preocupação dos livros didáticos com a solução das equações. A mesma observação se aplica à solução da desigualdade $(3')$ em comparação com a declaração original (3).

Mas a maioria das fórmulas interessantes, especialmente quando a idéia de *algum* está presente, envolve mais de uma variável. Por exemplo, a consideração dos pares de números x e y (fracionário ou integral) que satisfazem $x + y = 1$ envolve a idéia de duas variáveis correlacionadas, x e y. Quando duas variáveis estão presentes, ocorrem os mesmos dois tipos principais de declaração. Por exemplo, (1) para *qualquer* par de números, x e y, $x + y = y + x$, e (2) para *algum* par de números, x e y, $x + y = 1$.

O segundo tipo de afirmação nos convida à consideração dos pares agregados de números que estão ligados entre si por alguma relação fixa — no caso dado, pela relação $x + y = 1$. Um uso das fórmulas do primeiro tipo, verdadeiras para *qualquer* par de números, é que, por meio delas, as fórmulas do segundo tipo podem ser lançadas através de um número indefinido de formas equivalentes. Por exemplo, a relação $x + y = 1$ é equivalente às relações

$$y + x = 1, (x - y) + 2y = 1, 6x + 6y = 6,$$

e assim por diante. Assim, um hábil matemático utiliza aquela forma equivalente da relação ao considerar que ela se faz mais conveniente para satisfazer o seu propósito imediato.

Não é, em geral, verdade que, quando um par de termos satisfaz alguma relação fixa, se um dos termos é dado, o outro também é definitivamente determinado. Por exemplo, quando x e y satisfazem

$y^2 = x$, se $x = 4$, y pode ser 2, assim, para qualquer valor positivo de x há valores alternativos para y. Também, na relação $x + y > 1$, quando x ou y é dado, um número indefinido de valores permanece aberto para o outro.

Mais uma vez, há outro ponto importante a ser notado. Se nos restringirmos a números positivos, sejam eles inteiros ou fracionários, ao considerar a relação $x + y = 1$, então, se x ou y for maior que 1, não haverá número positivo que o outro possa assumir de modo a satisfazer a relação. Assim, o "campo" da relação para x é restrito a números inferiores a 1 e é da mesma forma para o "campo" aberto para y. Considere novamente apenas números inteiros, positivos ou negativos, e pegue a relação $y^2 = x$, satisfeita pelos pares de tais números. Então, qualquer que seja o valor inteiro dado a y, x poderá assumir um valor inteiro correspondente. Assim, o "campo" para y é irrestrito entre estes números inteiros positivos ou negativos. Mas o "campo" para x é restrito de duas maneiras. Em primeiro lugar x deve ser positivo, e, em segundo lugar, já que y precisa ser inteiro, x deve ser um quadrado perfeito. Assim, o "campo" de x é restrito ao conjunto de inteiros $1^2, 2^2, 3^2, 4^2$, e assim por diante, ou seja, a 1, 4, 9, 16, e assim por diante.

O estudo das propriedades gerais de uma relação entre pares de números é muito facilitado pelo uso de um diagrama construído da seguinte forma:

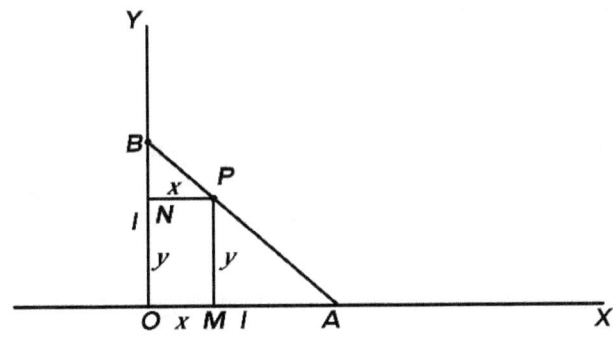

Fig. 1

Desenhe duas linhas OX e OY em ângulos retos; deixe qualquer número x ser representado por x unidades (em qualquer escala) de comprimento ao longo de OX e qualquer número y por y unidades (em qualquer escala) de comprimento ao longo de OY. Assim, se OM, ao longo de OX, for x unidades de comprimento, e ON, ao longo de OY, for y unidades de comprimento, ao completar o paralelogramo $OMPN$ encontramos um ponto P que corresponde ao par de números x e y. Cada ponto aqui corresponde a um par de números, e a cada par de números corresponde um ponto. O par de números é chamado de coordenadas do ponto. Então os pontos cujas coordenadas satisfazem alguma relação fixa podem ser convenientemente indicados traçando uma linha, se todos eles estiverem sobre uma linha, ou sombreando uma área, se todos eles forem pontos da área. Se a relação pode ser representada por uma equação como $x + y = 1$, ou $y^2 = x$, então os pontos estão em uma linha, que é reta no primeiro caso e curvada no segundo. Por exemplo, considerando apenas números positivos, os pontos cujas coordenadas satisfazem $x + y = 1$ encontram-se na linha reta AB na Fig. 1, onde $OA = 1$ e $OB = 1$. Assim, este segmento da linha reta AB dá uma representação pictórica das propriedades da relação que está restrita a números positivos.

Outro exemplo de relação entre duas variáveis é dado considerando as variações de pressão e volume de uma determinada massa de alguma substância gasosa — como ar, gás carbônico ou vapor — a uma temperatura constante. Seja v o número de pés cúbicos em seu volume e p sua pressão em libra de peso por polegada quadrada. Então, a lei, conhecida como lei de Boyle, que expressa a relação entre p e v conforme ambos variam, é que o produto pv é constante, sempre supondo que a temperatura não se altere. Suponhamos, por exemplo, que a quantidade do gás e suas outras circunstâncias sejam tais que possamos colocar $pv = 1$ (o número exato no lado direito da equação não faz nenhuma diferença essencial).

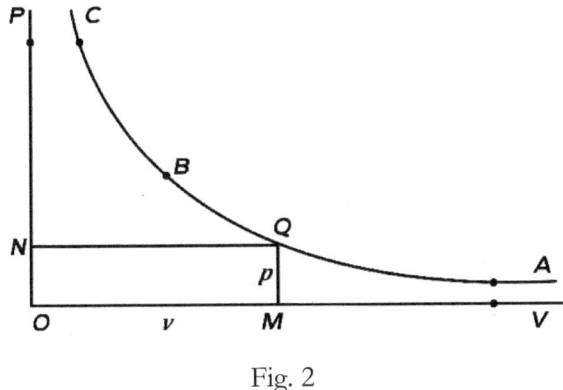

Fig. 2

Então, na Fig. 2 tomamos duas linhas, OV e OP, em ângulos retos e desenhamos OM ao longo de OV para representar v unidades de volume, e ON ao longo de OP para representar p unidades de pressão. Então, o ponto Q, que é encontrado ao completar o paralelogramo $MONQ$, representa o estado do gás quando seu volume é v pés cúbicos e sua pressão é p libra de peso por polegada quadrada. Se as circunstâncias da porção de gás considerada forem tais que $pv = 1$, então todos esses pontos Q que correspondem a qualquer estado possível dessa porção de gás devem estar na linha curva ABC, que inclui todos os pontos para os quais p e v são positivos, e $pv = 1$. Assim, esta linha curva dá uma representação pictórica da relação de retenção entre o volume e a pressão. Quando a pressão é muito grande o ponto Q correspondente deve estar próximo a C, ou mesmo além de C na parte não desenhada da curva; então o volume será muito pequeno. Quando o volume for grande, o Q estará próximo de A, ou além de A; e então a pressão será pequena. Observe que um engenheiro ou um físico pode querer saber a pressão específica correspondente a algum volume definitivamente atribuído. Então, temos o caso de determinar o p *indeterminado* quando v é um número conhecido. Mas isto é apenas em casos particulares. Ao considerar de forma geral as propriedades do gás e como se comportará, ele terá que ter em mente a forma geral de toda a curva ABC e suas propriedades gerais. Em outras palavras, a idéia realmente fundamental é a do par de *variáveis* que satisfazem a relação $pv = 1$. Este exemplo ilustra como a idéia de *variáveis* é fundamental, tanto nas aplicações quanto na teoria da matemática.

CAPÍTULO III
MÉTODOS DE APLICAÇÃO

A maneira pela qual a idéia de variáveis que satisfazem uma relação ocorre nas aplicações da matemática vale a pena ser pensada e dedicando algum tempo a ela vamos esclarecer nossas idéias sobre o assunto como um todo.

Comecemos pelo mais simples dos exemplos: — Suponha que uma construção custe $1s.$ por pé cúbico e que $20s.$ equivale a $£1^1$. Então, dentre todas as circunstâncias complexas que acompanham a construção de uma nova casa, em meio a todas as várias sensações e emoções do proprietário, do arquiteto, do construtor, dos operários e dos espectadores à medida que a casa foi crescendo até a sua conclusão, considerou-se válida, por meio de uma lei, esta correlação fixa entre o conteúdo cúbico e o custo para o proprietário, ou seja, se x for o número de pés cúbicos, e $£y$ o custo, então $20y = x$. Essa correlação de x e y é considerada verdadeira para a construção de qualquer casa por qualquer proprietário. Além disso, o volume da casa e o custo não devem ter sido percebidos ou apreendidos por qualquer sensação ou faculdade particular, ou por qualquer homem em particular. Eles são formulados de uma forma abstrata geral, com uma total indiferença ao estado de espírito do proprietário quando

---

[1] N.T. Unidade monetária da época: $s.$ = Shilling e £ = Libra esterlina. 20 shillings equivale a 1 libra esterlina.

ele tem que pagar a conta.

Agora, pense um pouco mais no que tudo isso significa. A construção de uma casa é um conjunto complicado de circunstâncias. É impossível começar a aplicar a lei, ou testá-la, a menos que em meio ao curso geral dos eventos seja possível distinguir um conjunto definido de ocorrências que formam um exemplo particular de construção de uma casa. Em suma, devemos reconhecer uma casa quando a vemos e reconhecer os eventos que pertencem à sua construção. Nesse caso, em meio a esses eventos assim isolados em idéia do resto da natureza, os dois elementos do custo e do conteúdo cúbico devem ser determináveis; e quando ambos são determinados, se a lei for verdadeira, eles satisfazem a fórmula geral

$$20y = x.$$

Mas essa lei é real? Qualquer um que esteja familiarizado com construções saberá que definimos um custo bastante alto. É somente para um tipo caro de casa que ela funcionará a esse preço. Isto traz à tona um outro ponto que deve ser esclarecido. Enquanto fazemos cálculos matemáticos ligados à fórmula $20y = x$, é indiferente para nós se a lei é verdadeira ou falsa. Na verdade, os próprios significados atribuídos a x e y, como sendo um número de pés cúbicos e uma série de libras esterlinas, são indiferentes. Durante a investigação matemática estamos, de fato, considerando apenas as propriedades desta correlação entre um par de números variáveis x e y. Nossos resultados se aplicarão igualmente bem, se interpretarmos y como significando um número de pescadores e x o número de peixes capturados, de modo que a lei assumida é que, em média, cada pescador captura vinte peixes. A certeza matemática da investigação está ligada apenas aos resultados dados pelas propriedades da correlação $20y = x$ entre o par de números variáveis x e y. Não há certeza matemática sobre o custo da construção real de qualquer casa. A lei não é totalmente verdadeira e o resultado que dará não será bem preciso. Na verdade, ele pode muito bem ser terrivelmente errado.

Agora tudo isso, sem dúvida, parece muito óbvio. Mas, na

verdade, em casos mais complicados, não há erro mais comum do que supor que, por terem sido feitos cálculos matemáticos prolongados e precisos, a aplicação do resultado a algum fato da natureza é absolutamente certa. A conclusão de nenhum argumento pode ser mais certa do que as suposições a partir das quais ele parte. Todos os cálculos matemáticos sobre o curso da natureza devem partir de alguma lei suposta da natureza, como, por exemplo, a lei suposta do custo da construção, mencionada acima. Assim, por mais precisos que tenhamos calculado que algum evento deve ocorrer, a dúvida sempre permanece — É a lei verdadeira? Se a lei declara um resultado preciso, quase certamente ele não é exato; e, portanto, mesmo no melhor dos casos, o resultado, exatamente como calculado, é provável que não ocorra. Mas dessa forma não temos faculdade alguma que seja capaz de observar com a precisão ideal, portanto, afinal, nossas leis imprecisas devem ser boas o suficiente para tal.

Vamos agora nos voltar para um caso real, o de Newton e a Lei da Gravidade. Essa lei afirma que quaisquer dois corpos atraem um ao outro com uma força proporcional ao produto de suas massas, e inversamente proporcional ao quadrado da distância entre eles. Assim, se m e M são as massas dos dois corpos, contadas em libras, e d milhas é a distância entre eles, a força sobre um e outro corpo, devido à atração do outro e direcionada para ele, é proporcional a $\frac{mM}{d^2}$; assim, essa força pode ser escrita como igual a $\frac{kmM}{d^2}$, onde k é um número que se define dependendo da magnitude absoluta dessa atração e também da escala pela qual escolhemos medir as forças. É fácil ver que, se quisermos contar em termos de forças como o peso de uma massa de 1 libra, o número que k representa deve ser extremamente pequeno; para quando m e M e d são colocados cada um igual a 1, $\frac{kmM}{d^2}$, torna-se a atração gravitacional de duas massas iguais de 1 libra a uma distância de uma milha, o que é bastante inapreciável.

Entretanto, temos agora nossa fórmula para a força de atração. Se chamarmos essa força de F, isto é $F = k\frac{mM}{d^2}$; estará dada a correlação entre as variáveis F, m, M e d. Todos conhecemos a história de como ela foi descoberta. Newton, afirmam, estava sentado em um pomar e assistiu à queda de uma maçã, e então a lei da gravitação universal explodiu em sua mente. Pode ser que a formulação final da lei lhe tenha ocorrido em um pomar, assim como em outro lugar — e é provável que ele estivesse em outro lugar. Mas, para nossos propósitos, é mais instrutivo deter-se na vasta quantidade de pensamento preparatório, produto de muitas mentes e de muitos séculos, que foi necessário antes que essa exata lei pudesse ser formulada. Em primeiro lugar, o hábito de pensar matematicamente e o método matemático explicado nos dois capítulos anteriores tiveram que ser gerados; caso contrário, Newton nunca poderia ter pensado em uma fórmula que representasse a força entre duas massas *quaisquer* a *qualquer* distância. Novamente, quais são os significados dos termos empregados, Força, Massa, Distância? Pegue o mais fácil desses termos, Distância. Parece-nos muito óbvio conceber todas as coisas materiais como formando um todo geométrico definido, de tal forma que as distâncias das diversas partes são mensuráveis em termos de algum comprimento de unidade, como uma milha ou uma jarda. Este é quase o primeiro aspecto de uma estrutura material que nos ocorre. É o resultado gradual do estudo da geometria e da teoria da medição. Mesmo agora, em certos casos, outros modos de pensar são convenientes. Em um país montanhoso, as distâncias são muitas vezes contadas em horas. Mas deixando a distância, os outros termos, Força e Massa, são muito mais obscuros. A compreensão exata das idéias que Newton pretendia transmitir com estas palavras era de crescimento lento e, de fato, o próprio Newton foi o primeiro homem que dominou completamente os verdadeiros princípios gerais da Dinâmica.

Ao longo da Idade Média, sob a influência de Aristóteles, a ciência foi totalmente mal concebida. Newton teve a vantagem de vir após uma série de grandes homens — em especial Galileu, na Itália —, que nos dois séculos anteriores reconstruíram a ciência e inventaram a forma correta de pensar sobre ela. Ele completou o trabalho deles. Então, finalmente, tendo as idéias de força, massa e distância claras e distintas em sua mente, e, percebendo a importância e relevância delas na queda de uma maçã e no movimento dos planetas, se atirou à lei da gravitação e provou ser ela a fórmula que sempre satisfaz esses vários movimentos.

O ponto vital na aplicação das fórmulas matemáticas é ter idéias claras e uma estimativa correta de sua relevância para os fenômenos sob observação. Não menos do que nós mesmos, nossos remotos ancestrais ficaram impressionados com a importância dos fenômenos naturais e com a conveniência de tomar medidas enérgicas para regular a sequência de eventos. Sob a influência de idéias irrelevantes, eles executaram elaboradas cerimônias religiosas para auxiliar o nascimento da lua nova, e fizeram sacrifícios para salvar o sol durante a crise de um eclipse. Não há razão para acreditar que eles foram mais estúpidos do que nós somos. Mas naquela época não havia oportunidade para uma acumulação lenta de idéias claras e relevantes.

O modo pelo qual as ciências físicas crescem até atingir uma forma capaz de um tratamento por métodos matemáticos é ilustrado pela história do crescimento gradual da ciência do eletromagnetismo. As tempestades são eventos em grande escala, que despertam o terror nos homens e até mesmo nos animais. Desde os primeiros tempos, elas devem ter sido objeto de hipóteses fantásticas e selvagens, embora se possa duvidar que nossas descobertas científicas modernas relacionadas com a eletricidade não sejam mais surpreendentes do que qualquer uma das explicações mágicas dos selvagens. Os gregos sabiam que o âmbar (do grego, *élektron*), quando esfregado, atraía corpos leves e secos. Em 1600 d.C., o Dr. Gilbert, de Colchester, publicou o primeiro trabalho sobre o assunto no qual algum método científico é seguido. Ele fez uma lista de substâncias que possuem propriedades semelhantes às do âmbar; ele também deve ter o crédito de conectar, embora vagamente, fenômenos elétricos e magnéticos. No final do século XVII, e ao longo do século XVIII, o conhecimento avançou. Máquinas elétricas foram feitas, faíscas foram obtidas delas; e o Leyden Jar[2] foi inventado, pelo qual esses efeitos poderiam ser intensificados. Algum conhecimento organizado estava sendo obtido; mas ainda nenhuma idéia matemática relevante foi descoberta. Franklin, no ano de 1752, lançou uma pipa nas nuvens e provou que as tempestades eram elétricas.

---

[2] N.T. Antigo dispositivo capaz de armazenamento de energia elétrica, similar ao componente elétrico conhecido como capacitor.

Entretanto, em épocas mais antigas (2634 a.c.), os chineses utilizaram a propriedade característica da agulha da bússola, mas não parecem tê-la conectado a nenhuma idéia teórica. Todas as mudanças realmente profundas na vida humana têm sua origem fundamental no conhecimento buscado por si mesmo. O uso da bússola não foi introduzido na Europa até o final do século XII d.C., mais de 3.000 anos após seu primeiro uso na China. A importância que a ciência do eletromagnetismo desde então assumiu em todos os departamentos da vida humana não se deve ao viés prático superior dos europeus, mas ao fato de que, no Ocidente. os fenômenos elétricos e magnéticos foram estudados por homens dominados por interesses teóricos abstratos.

A descoberta da corrente elétrica se deve a dois italianos, Galvani em 1780 e Volta em 1792. Esta grande invenção abriu uma nova série de fenômenos para investigação. O mundo científico tinha agora três grupos separados, embora aliados, de ocorrências: os efeitos da eletricidade "estática" originada de máquinas elétricas de fricção, os fenômenos magnéticos e os efeitos devidos às correntes elétricas. A partir do final do século XVIII, essas três linhas de investigação foram rapidamente interligadas e foi construída a moderna ciência do eletromagnetismo, que agora ameaça transformar a vida humana.

Idéias matemáticas agora aparecem. Durante a década de 1780 a 1789, Coulomb, um francês, provou que os pólos magnéticos se atraem ou se repelem, na proporção do inverso do quadrado de suas distâncias, e também que a mesma lei vale para as cargas elétricas — leis curiosamente análogas à da gravitação. Em 1820, Oersted, um dinamarquês, descobriu que as correntes elétricas exercem uma força sobre os ímãs e, quase imediatamente depois, a lei matemática da força foi corretamente formulada por Ampère, um francês, que também provou que duas correntes elétricas exercem forças uma sobre a outra. "A investigação experimental pela qual Ampere estabeleceu a lei da ação mecânica entre correntes elétricas é uma das realizações mais brilhantes da ciência. O todo, teoria e experimento, parece ter saltado, crescido e totalmente se armado, do cérebro do 'Newton da Eletricidade'. É perfeita na forma, e inatacável na precisão, e se resume em uma fórmula da qual todos os fenômenos podem ser deduzidos, e que deve permanecer sempre a fórmula cardinal da eletrodinâmica"[3].

As importantes leis de indução entre correntes e entre correntes e ímãs foram descobertas por Michael Faraday em 1831-32. A Faraday foi perguntado: "Qual é a utilidade desta descoberta?" Ele respondeu: "Qual é a utilidade de uma criança que cresce para se tornar um homem?". O "filho" de Faraday cresceu para se tornar um homem e agora é a base de todas as aplicações modernas da eletricidade. Faraday também reorganizou toda a concepção teórica da ciência. Suas idéias, que não haviam sido completamente compreendidas pelo mundo científico, foram estendidas e colocadas em uma forma diretamente matemática por Clark Maxwell em 1873. Como resultado de suas investigações matemáticas, Maxwell reconheceu que, sob certas condições, as vibrações elétricas deveriam ser propagadas. Ele imediatamente sugeriu que são as vibrações que formam a luz são elétricas. Esta sugestão foi verificada desde então, de modo que agora toda a teoria da luz nada mais é do que um ramo da grande ciência da eletricidade. Também Herz, um alemão, em 1888, seguindo as idéias de Maxwell, conseguiu produzir vibrações elétricas através de métodos elétricos diretos. Suas experiências são a base de nossa telegrafia sem fio.

Nos anos mais recentes, descobertas ainda mais fundamentais foram feitas, e a ciência continua a crescer em importância teórica e em interesse prático. Este rápido esboço de seu progresso ilustra como, pela introdução gradual das idéias teóricas relevantes, sugeridas por experimentos e eles próprios sugerindo novos experimentos, toda uma massa de fenômenos isolados e até mesmo triviais são fundidos em uma ciência coerente, na qual os resultados de deduções matemáticas abstratas, partindo de algumas leis simples assumidas, fornecem a explicação para o complexo emaranhado do curso dos eventos.

Finalmente, passando além das ciências particulares do eletromagnetismo e da luz, podemos generalizar ainda mais nosso ponto de vista e direcionar nossa atenção para o crescimento da física matemática, considerada como um grande capítulo do pensamento científico. Em primeiro lugar, qual é a história de seu

---

[3] Electricity and Magnetism, Clerk Maxwell, Vol. II.

crescimento?

Não começou como uma ciência ou como produto de um grupo de homens. Os pastores caldeus vigiavam os céus, os agentes do governo na Mesopotâmia e no Egito mediam a terra, sacerdotes e filósofos meditavam sobre a natureza geral de todas as coisas. A vasta massa das operações da natureza apareceu devido a forças misteriosas e insondáveis. "O vento sopra onde quer"[4] expressa com precisão a clara ignorância então existente acerca de quaisquer regras estáveis seguidas em detalhes pela sucessão de fenômenos. Em linhas gerais, então como agora, uma regularidade de eventos era patente. Mas não foi possível rastrear minuciosamente sua interconexão, e não havia conhecimento nem mesmo de como iniciar a construção de uma tal ciência.

Especulações isoladas, algumas percepções felizes ou infelizes sobre a natureza das coisas, formaram o máximo que poderia ser produzido.

Enquanto isso, as pesquisas terrestres haviam produzido geometria, e as observações dos céus revelaram a regularidade exata do sistema solar. Alguns dos gregos posteriores, como Arquimedes, tinham apenas idéias sobre os fenômenos elementares da hidrostática e da óptica. Na verdade, Arquimedes, que combinou genialidade matemática com uma visão física, deve ser classificado como um dos fundadores da física matemática — assim como Newton, que viveu quase dois mil anos depois. Ele morava em Siracusa, a grande cidade grega da Sicília. Quando os romanos sitiaram a cidade (entre 212 e 210 a.C.), ele teria queimado seus navios concentrando neles, por meio de espelhos, os raios de sol. A história é altamente improvável, mas é uma boa evidência da reputação que ele ganhou entre seus contemporâneos por seu conhecimento de óptica. No final desse cerco ele foi assassinado. Segundo um relato de Plutarco, em seu Life of Marcellus, ele foi encontrado por um soldado romano absorto no estudo de um diagrama geométrico que traçara no chão arenoso de seu quarto. Ele

---

[4] N.T. "O vento sopra onde quer. Você o escuta, mas não pode dizer de onde vem nem para onde vai. Assim acontece com todos os nascidos do Espírito" João 3 8.

não obedeceu imediatamente às ordens de seu captor e foi morto. Para crédito dos generais romanos, deve-se dizer que os soldados tinham ordens para poupá-lo. A evidência interna para a outra famosa história dele é muito forte; pois a descoberta a ele atribuída é uma descoberta eminentemente digna de seu gênio para a pesquisa matemática e física. Por sorte, é suficientemente simples para ser explicada aqui em detalhes. É um dos melhores exemplos fáceis do método de aplicação das idéias matemáticas à física.

Hiero, rei de Siracusa, havia enviado uma quantidade de ouro a algum ourives para formar o material de uma coroa. Ele suspeitou que os artesãos haviam extraído parte do ouro e preenchido seu lugar ligando o restante com algum metal mais básico. Hiero enviou a coroa para Arquimedes e pediu-lhe para testá-la. Naqueles dias, um número indefinido de testes químicos estaria disponível. Mas, então, Arquimedes teve que pensar no assunto novamente. A solução apareceu enquanto estava deitado no banho. Ele deu um pulo e correu pelas ruas até o palácio, gritando *Eureka! Eureka!* (Eu encontrei, eu encontrei). Este dia, se soubéssemos qual era, deveria ser celebrado como o aniversário da física matemática; a ciência atingiu a maioridade quando Newton se sentou em seu pomar. Na verdade, Arquimedes fez uma grande descoberta. Ele viu que um corpo, quando imerso em água, é pressionado para cima pela água circundante com uma força resultante igual ao peso da água que ele desloca. Esta lei pode ser provada teoricamente a partir dos princípios matemáticos da hidrostática e também pode ser verificada experimentalmente. Assim, se W lb. fosse o peso da coroa, como pesada no ar, e w lb. fosse o peso da água que ela desloca quando completamente imersa, $W - w$ seria a força extra para cima necessária para sustentar a coroa enquanto ela está pendurada sobre a água.

Agora, esta força ascendente pode ser facilmente constatada pesando o corpo à medida que ele pende na água, como mostra a figura em anexo.

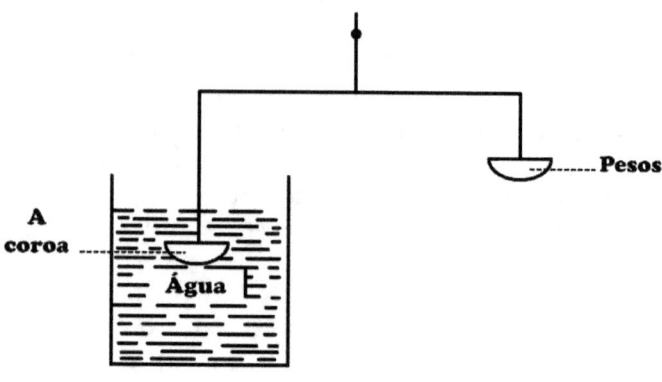

Fig. 3

Se os pesos na escala da direita chegarem a F lb., então o peso aparente da coroa na água é F lb.; e assim temos

$$F = W - w$$

e, portanto,

$$w = W - F,$$

e

$$\frac{W}{w} = \frac{W}{W-F} \qquad (A)$$

onde W e F são determinados pela operação fácil, e bastante precisa, de pesagem.

Assim, pela equação (A), $\frac{W}{w}$ é conhecido. Mas $\frac{W}{w}$ é a relação entre o peso da coroa e o peso de um volume igual de água. Esta relação é a mesma para qualquer pedaço de metal do mesmo material: agora ela é chamada de gravidade específica do material, e depende apenas da natureza intrínseca da substância e não de sua forma ou quantidade. Assim, para testar se a coroa era de ouro, Arquimedes só tinha que pegar um pedaço de ouro indiscutivelmente puro e encontrar sua gravidade específica pelo mesmo processo. Se as duas gravidades específicas concordassem, a coroa era pura; se discordassem, ela era impura.

Este argumento foi apresentado em detalhe, porque não só é o primeiro exemplo preciso da aplicação de idéias matemáticas à física, mas também porque é um exemplo perfeito e simples do que deve ser o método e espírito da ciência para todos os tempos.

A morte de Arquimedes pelas mãos de um soldado romano é o símbolo de uma mudança mundial de primeira magnitude: os gregos teóricos, com seu amor pela ciência abstrata, foram substituídos na liderança do mundo europeu pelos romanos práticos. Lord Beaconsfield, em um de seus romances, definiu um homem prático como um homem que pratica os erros de seus antepassados. Os romanos eram uma grande raça, mas estavam amaldiçoados com a esterilidade que espera a praticidade. Eles não melhoraram o conhecimento de seus antepassados, e todos os seus avanços se limitaram aos pequenos detalhes técnicos de engenharia. Não eram sonhadores o suficiente para chegar a novos pontos de vista, que poderiam dar um controle mais fundamental sobre as forças da natureza. Nenhum romano perdeu sua vida porque foi absorvido na contemplação de um diagrama matemático.

CAPÍTULO IV
DINÂMICA

O mundo teve que esperar por 1800 anos até que os físicos matemáticos gregos encontrassem sucessores. Nos séculos XVI e XVII de nossa era, grandes italianos, em particular Leonardo da Vinci, o artista (nascido em 1452, morto em 1519), e Galileu (nascido em 1564, morto em 1642), redescobriram o segredo, conhecido por Arquimedes, de relacionar idéias matemáticas abstratas com a investigação experimental de fenômenos naturais. Enquanto isso, o lento avanço da matemática e o acúmulo de conhecimentos astronômicos precisos tinham colocado os filósofos naturais em uma posição muito mais vantajosa para a pesquisa. Também a própria autoafirmação egoísta daquela época, sua ganância pela experiência pessoal, levou seus pensadores a querer ver por si mesmos o que aconteceu; e o segredo da relação da teoria matemática e da experiência no raciocínio dedutivo foi praticamente descoberto. Foi por um ato eminentemente característico da época que Galileu, um filósofo, deixara cair os pesos da torre inclinada de Pisa. Há sempre homens de pensamento e homens de ação; a física matemática é o produto de uma época que combinava, nos mesmos homens, impulsos de pensamento com impulsos à ação.

Essa questão da queda de pesos da torre marca pitorescamente um passo essencial no conhecimento, não menos que a primeira obtenção de idéias corretas sobre a ciência da dinâmica, a ciência básica de todo o assunto. O ponto particular em disputa era se corpos de pesos diferentes cairiam da mesma altura ao mesmo tempo. De acordo com uma máxima de Aristóteles, universalmente seguida até aquela época, o peso mais pesado cairia mais rápido. Galileu afirmou que cairiam ao mesmo tempo e provou seu ponto de vista jogando pesos do topo da torre inclinada. Todas as aparentes exceções à regra surgem quando, por algum motivo, como a extrema leveza ou uma grande velocidade, a resistência do ar é importante. Mas, ignorando o ar, a lei é exata.

O experimento bem sucedido de Galileu não foi o resultado de um mero palpite de sorte. Ele surgiu de suas idéias corretas em relação à inércia e à massa. A primeira lei do movimento, como agora enunciamos seguindo a Newton, é: Todo corpo continua em seu estado de repouso ou de movimento uniforme em linha reta, exceto quando uma força impressa a ele o compele a mudar tal estado. Essa lei é mais do que uma fórmula seca: é também um hino de triunfo sobre os hereges derrotados. O ponto em questão pode ser compreendido suprimindo da lei a frase "ou de movimento uniforme em linha reta". Dessa forma obtemos o que pode ser considerado como a fórmula de oposição aristotélica: "Todo corpo continua em seu estado de repouso, exceto quando uma força impressa a ele o compele a mudar tal estado."

Nesta última fórmula, que é falsa, afirma-se que, à parte da força, um corpo continua em estado de repouso; e consequentemente que, se um corpo está se movendo, uma força é necessária para sustentar o movimento; de modo que quando a força cessa, o movimento cessa. A lei newtoniana, que é verdadeira, assume o ponto de vista diametralmente oposto. O estado de um corpo que não é movido por uma força é o de um movimento uniforme em linha reta, e nenhuma força ou influência externa deve ser procurada como a causa, ou, se você preferir, como o acompanhamento invariável deste movimento retilíneo uniforme. O repouso é apenas um caso particular de tal movimento, apenas quando a velocidade é e permanece zero. Assim, quando um corpo está se movendo, não buscamos nenhuma influência externa, exceto para explicar as mudanças na taxa de velocidade ou mudanças em sua direção. Enquanto o corpo estiver se movendo na mesma velocidade e na mesma direção, não há necessidade de invocar a ajuda de nenhuma força.

A diferença entre os dois pontos de vista é melhor percebida pela referência à teoria do movimento dos planetas. Copérnico, um polonês, nascido em Thorn, na Prússia Ocidental (nasceu em 1473, morreu em 1543), mostrou quão mais simples era conceber os planetas, incluindo a Terra, como girando em torno do sol em órbitas quase circulares; e mais tarde, Kepler, um matemático alemão, no ano de 1609 provou que, na verdade, as órbitas são praticamente elipses, isto é, um tipo especial de curvas ovais que consideraremos mais tarde com mais detalhes. Imediatamente surgiu a questão de quais são as forças que preservam os planetas neste movimento. De acordo com a velha falsa visão, sustentada por Kepler, a própria velocidade real exigia preservação por meio de uma força.

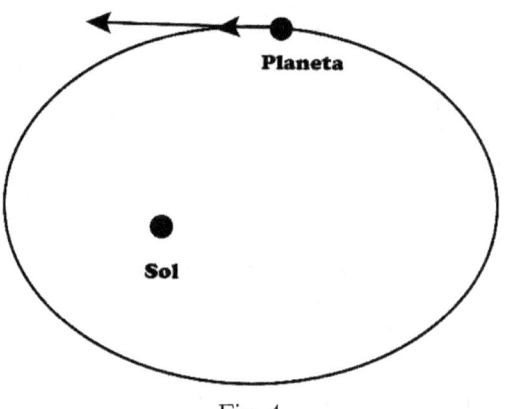

Fig. 4

Assim, ele procurou as forças tangenciais como na figura 4. Mas, de acordo com a lei de Newton, à parte de alguma força, o planeta se moveria para sempre com sua velocidade existente em linha reta e, dessa forma, se afastaria inteiramente do sol. Newton, portanto, teve que procurar uma força que dobrasse o movimento em sua órbita elíptica.

Isso ele mostrou ser uma força direcionada para o sol como na próxima figura 5. Na verdade, a força é a atração gravitacional do Sol agindo de acordo com a lei do inverso do quadrado da distância, que foi declarada acima.

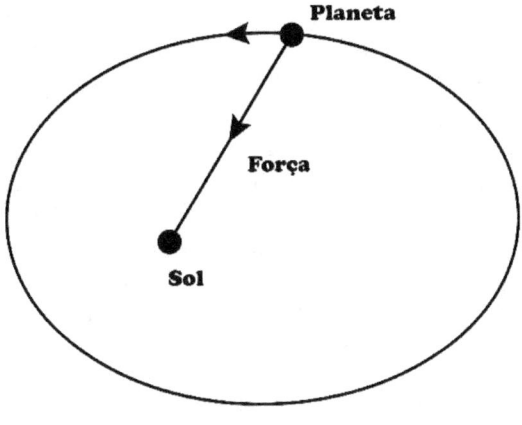

Fig. 5

A ciência da mecânica surgiu entre os gregos a partir de uma consideração da teoria da vantagem mecânica obtida pelo uso de uma alavanca, e também a partir da consideração de vários problemas relacionados com os pesos dos corpos. Ela foi finalmente colocada em sua verdadeira base no final do século XVI e durante os séculos XVII, como mostra o relato anterior, em parte com o objetivo de explicar a teoria da queda dos corpos, mas principalmente para dar uma teoria científica dos movimentos planetários. Mas desde aqueles dias a dinâmica assumiu uma tarefa mais ambiciosa, e agora afirma ser a ciência final da qual as outras são apenas ramos. A afirmação equivale a isto: a saber, que as várias qualidades das coisas perceptíveis aos sentidos são meramente nosso modo peculiar de avaliar as mudanças de posição por parte das coisas existentes no espaço. Por exemplo, suponha que olhemos para a Abadia de Westminster. Ele está lá, cinza e imóvel, há séculos. Mas, de acordo com a teoria científica moderna, esse cinza, que tanto aumenta nossa sensação de imobilidade do edifício, nada mais é do que nossa maneira de apreciar os movimentos rápidos das moléculas últimas, que formam a superfície externa do edifício e comunicam vibrações a uma substância chamada éter. Novamente colocamos nossas mãos sobre suas pedras e notamos sua temperatura fria e uniforme, tão simbólica do repouso silencioso do edifício. Mas essa sensação de temperatura simplesmente marca nossa sensação de transferência de calor da mão para a pedra, ou da pedra para a mão; e, de acordo com a ciência moderna, o calor nada mais é do que a agitação das moléculas de um corpo. Finalmente, o órgão começa a tocar e, de novo, o som nada mais é do que o resultado de movimentos do ar batendo no tambor do ouvido.

Assim, o esforço para dar uma explicação dinâmica dos fenômenos é a tentativa de explicá-los por afirmações de forma geral, que tal e tal substância ou corpo estava neste lugar e agora está naquele lugar. Dessa forma, chegamos à grande idéia básica da ciência moderna, de que todas as nossas sensações são o resultado de comparações das configurações alteradas das coisas no espaço em vários momentos. Segue-se, portanto, que as leis do movimento, isto é, as leis das mudanças das configurações das coisas, são as leis últimas da ciência física.

Na aplicação da matemática à investigação da filosofia natural, a ciência faz sistematicamente o que o pensamento comum faz casualmente. Quando falamos de cadeira, geralmente queremos dizer algo que vimos ou sentimos de alguma forma; embora a maior parte de nossa linguagem pressuponha que existe algo que existe independentemente de nossa visão ou sentimento. Agora, na física matemática, o curso oposto é tomado. A cadeira é concebida sem qualquer referência a ninguém em particular, ou a quaisquer modos especiais de percepção. O resultado é que a cadeira se torna, em pensamento, um conjunto de moléculas no espaço, ou um grupo de elétrons, uma porção do éter em movimento, ou seja como for que as idéias científicas atuais a descrevam. Mas a questão é que a ciência reduz a cadeira a coisas que se movem no espaço e influenciam os movimentos umas das outras. Então, os vários elementos ou fatores que entram em um conjunto de circunstâncias, como assim concebidos, são apenas as coisas, como comprimentos de linhas, tamanhos de ângulos, áreas e volumes, pelos quais as posições dos corpos no espaço podem ser estabelecidas. É claro que, além desses elementos geométricos, o fato do movimento e da mudança exige a introdução das taxas de mudanças de tais elementos, isto é, velocidades, velocidades angulares, acelerações e coisas semelhantes. Consequentemente, a física matemática lida com correlações entre números de variáveis que supostamente representam as correlações que existem na natureza entre as medidas desses elementos geométricos e de suas taxas de mudança. Mas sempre as leis matemáticas lidam com variáveis, e é apenas no teste ocasional das leis por referência a experimentos, ou no uso das leis para previsões especiais, que os números definidos são substituídos.

O ponto interessante sobre o mundo assim concebido, de forma abstrata, ao longo do estudo da física matemática, onde apenas as posições e formas das coisas são consideradas juntamente com suas mudanças, é que os eventos de um mundo tão abstrato são suficientes para "explicar" nossas sensações. Quando ouvimos um som, as moléculas do ar foram agitadas de certa forma: dada a agitação, ou ondas de ar como são chamadas, todas as pessoas normais ouvem som; e se não há ondas de ar, não há som. E, de forma similar, uma causa ou origem física, ou evento paralelo (como outras pessoas gostariam de dizer), está por trás de nossas outras sensações. Nossos próprios pensamentos parecem responder às conformações e movimentos do cérebro; prejudique o cérebro e você prejudicará os pensamentos. Entretanto, os eventos deste universo físico se sucedem de acordo com as leis matemáticas que ignoram todas as sensações, pensamentos e emoções especiais.

Agora, sem dúvida, esse é o aspecto geral da relação do mundo da física matemática com nossas emoções, sensações e pensamentos; muita controvérsia foi ocasionada por ele e muita tinta foi vertida. Precisamos apenas fazer uma observação. Toda a situação surgiu, como vimos, do esforço para descrever um mundo externo "explicativo" de nossas várias sensações e emoções individuais, mas também um mundo que não depende essencialmente de nenhuma sensação particular ou de qualquer indivíduo em particular. Esse mundo é apenas um grande conto de fadas? Mas os contos de fada são fantásticos e arbitrários: se na verdade existe tal mundo, ele deve se submeter a uma descrição exata, que determine com precisão suas várias partes e suas relações mútuas. Agora, em grande medida, esse mundo científico se submete a este teste e permite que seus eventos sejam explorados e previstos pelo aparato das idéias matemáticas abstratas. Certamente parece que temos aqui uma verificação indutiva de nossa suposição inicial. Deve-se admitir que nenhuma prova indutiva é conclusiva; mas se toda essa idéia de um mundo que tem uma existência independente de nossas percepções particulares sobre ele estiver errada, se faz necessário explicar cuidadosamente por que a tentativa de caracterizá-lo, em termos daquele remanescente matemático de nossas idéias que se aplicariam a ele, deve resultar em um sucesso tão notável.

Precisaríamos de muitas páginas para conseguir uma explicação detalhada das outras leis do movimento. O restante deste capítulo deve ser devotado à explicação de idéias notáveis que são fundamentais, tanto para a física matemática quanto para a matemática pura, essas são as idéias de grandezas vetoriais e a lei do paralelogramo para adição vetorial. Vimos que a essência do movimento é que um corpo estava em A e agora está em C. Esta transferência de A para C requer que dois elementos distintos sejam estabelecidos antes de ser completamente determinada, a saber, sua magnitude (ou seja, o comprimento AC) e sua direção. Agora, qualquer coisa, como essa transferência, que seja completamente dada pela determinação de uma magnitude e uma direção, é chamada de vetor. Por exemplo, uma velocidade requer para sua definição a atribuição de uma magnitude e de uma direção. Deve ser de tantos quilômetros por hora em tal ou tal direção. A existência e a independência desses dois elementos na determinação de uma velocidade são bem ilustradas pela ação do capitão de um navio, que se comunica com diferentes subordinados a respeito de tais elementos: ele diz ao engenheiro-chefe o número de nós em que deve navegar, e ao timoneiro a direção do curso que deve seguir. Novamente, a taxa de variação da velocidade, ou seja, a velocidade adicionada por unidade de tempo, também é uma grandeza vetorial: é chamada de aceleração. Da mesma forma, uma força no sentido dinâmico é outra grandeza vetorial. De fato, a natureza vetorial das forças segue-se imediatamente, de acordo com princípios dinâmicos, das velocidades e acelerações; mas este é um ponto em que não precisamos entrar. Basta dizer aqui que uma força atua sobre um corpo com uma certa magnitude em uma certa direção.

Agora todos os vetores podem ser representados graficamente por linhas retas. Tudo o que tem que ser feito é organizar: (i) uma escala de acordo com a qual as unidades de comprimento correspondem a unidades de magnitude do vetor, por exemplo, uma polegada a uma velocidade de 10 milhas por hora no caso de velocidades, e uma polegada a uma força de 10 toneladas de peso no caso de forças e (ii) uma direção da linha no diagrama correspondente à direção do vetor. A seguir uma linha traçada com o número adequado de polegadas de comprimento na direção correta representa o vetor necessário na escala arbitrariamente atribuída de magnitude. Esta representação esquemática dos vetores é de suma importância. Com sua ajuda, podemos enunciar a famosa "lei do paralelogramo" para a adição de vetores do mesmo tipo, mas em direções diferentes.

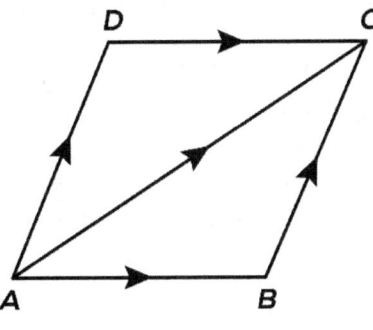

Fig. 6

Considere o vetor AC na figura 6 como representante da posição alterada de um corpo de A para C: vamos chamar isso de vetor de transporte. Observaremos que, se a redução dos fenômenos físicos a meras mudanças de posição, como explicado acima, estiver correta, todos os outros tipos de vetores físicos são realmente redutíveis de uma forma ou de outra a este simples tipo. Agora, o transporte final de A para C é igualmente efetuado por um transporte de A para B e, em seguida, um transporte de B para C, ou, completando o paralelogramo $ABCD$, por um transporte de A para D e, em seguida, um transporte de D para C. Esses transportes, assim sucessivamente aplicados, são considerados somados. Esta é simplesmente uma definição do que entendemos por adição de transportes. Observe ainda que, considerando as linhas paralelas como sendo linhas traçadas na mesma direção, os transportes B para C e A para D podem ser concebidos como o mesmo transporte aplicado aos corpos nas duas posições iniciais B e A. Com essa concepção, podemos falar do transporte A para D aplicado a um corpo em qualquer posição, por exemplo em B. Assim, podemos dizer que o transporte A para C pode ser concebido como a soma dos dois transportes A para B e A para D aplicado em qualquer ordem. Aqui temos a lei do paralelogramo para a adição de transportes: a saber, se os transportes são A para B e A para D, complete o paralelogramo $ABCD$, e então a soma dos dois é a diagonal AC.

Tudo isso à primeira vista pode parecer muito artificial. Mas deve-se observar que a própria natureza nos apresenta a idéia. Por exemplo, um navio a vapor está se movendo na direção AD (*cf.* Fig. 6) e um homem atravessa seu convés. Se o navio estivesse parado, em um minuto ele chegaria a B; mas, durante aquele minuto, seu ponto de partida A no deck mudou para D, e seu caminho no deck mudou, de AB, para DC. Sendo assim, de fato, seu transporte foi de A para C sobre a superfície do mar. No entanto, isso nos é apresentado analisando a soma de dois transportes, a saber, um de A para B em relação ao navio a vapor, e um de A para D que é o transporte do navio.

Levando em consideração o elemento tempo, ou seja, um minuto, este diagrama do transporte AC do homem representa sua velocidade. Pois se AC representava transporte medido em tantos pés, agora representa um transporte de tantos pés por minuto, ou seja, representa a velocidade do homem. Então, AB e AD representam duas velocidades, a saber, a velocidade do homem em relação ao navio e a velocidade do navio, velocidades cuja "soma" constitui a velocidade completa. É evidente que os diagramas e definições sobre transportes são transformados em diagramas e definições sobre velocidades, concebendo os diagramas como representando transportes por unidade de tempo. Novamente, os diagramas e as definições relativas às velocidades são transformados em diagramas e definições relativas às acelerações, concebendo os diagramas como representando as velocidades adicionadas por unidade de tempo.

Assim, pela soma de velocidades vetoriais e de acelerações vetoriais, queremos dizer a adição de acordo com a lei do paralelogramo.

Também, de acordo com as leis do movimento, uma força é totalmente representada pela aceleração vetorial que produz em um corpo de determinada massa. Consequentemente, as forças serão somadas quando seu efeito conjunto for calculado de acordo com a lei do paralelogramo.

Portanto, para os vetores fundamentais da ciência, a saber, transportes, velocidades e forças, a adição de quaisquer dois do mesmo tipo é a produção de um vetor "resultante" de acordo com a regra da lei do paralelogramo.

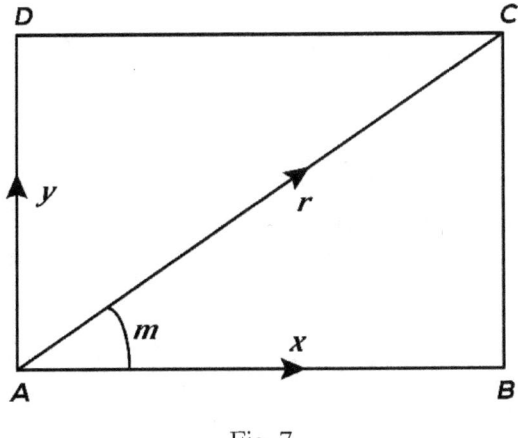

Fig. 7

De longe, o tipo mais simples de paralelogramo é um retângulo, e na matemática pura ele é a relação do único vetor AC com os dois vetores componentes, AB e AD, em ângulos retos (cf. Fig. 7), relação que é continuamente recorrente. As unidades x, y e r representam os comprimentos de AB, AD e AC, e a unidade m de ângulo representa a magnitude do ângulo BAC. Então as relações entre x, y, r e m, em todos os seus muitos aspectos, são o tópico continuamente recorrente da matemática pura; e os resultados são do tipo necessário para a aplicação aos vetores fundamentais da física matemática. Esse diagrama é a ponte principal sobre a qual passam os resultados da matemática pura no intuito de obter uma aplicação aos fatos da natureza.

CAPÍTULO V
O SIMBOLISMO DA MATEMÁTICA

Agora voltaremos à matemática pura, e consideraremos mais de perto o aparato de idéias a partir do qual a ciência é construída. Nossa primeira preocupação é com o simbolismo da ciência, e começaremos com os símbolos mais simples e universalmente conhecidos, ou seja, os da aritmética.

Vamos supor por ora que temos idéias suficientemente claras sobre os números inteiros, representados na notação árabe por 0, 1, 2, ..., 9, 10, 11, ...100, 101, ... e assim por diante. Essa notação foi introduzida na Europa através dos árabes, mas eles aparentemente a obtiveram de fontes hindus. A primeira obra conhecida na qual isso é sistematicamente explicado é obra de um matemático indiano, Bhaskara (nascido em 1114 d.C.). Mas os números reais podem ser rastreados até o século VII de nossa era, e talvez tenham sido originalmente inventados no Tibete. Para nossos propósitos atuais, no entanto, a história da notação é apenas um detalhe. O ponto interessante a se notar é a admirável ilustração que esse sistema de numeração nos dá da enorme importância de uma boa notação. Ao aliviar o cérebro de todo trabalho desnecessário, uma boa notação o deixa livre para se concentrar em problemas mais avançados e, de fato, aumenta o poder mental desse processo. Antes da introdução da notação árabe, a multiplicação era difícil e até mesmo a divisão de inteiros colocava em jogo as mais altas faculdades matemáticas.

Provavelmente, nada no mundo moderno teria espantado mais um matemático grego do que saber que, sob a influência da educação obrigatória, uma grande proporção da população da Europa Ocidental poderia realizar a operação de divisão para os maiores números. Este fato teria parecido a ele uma impossibilidade absoluta. A consequente extensão da notação para frações decimais não foi realizada até o século XVII. Nosso poder moderno de cálculo fácil com frações decimais é o resultado quase miraculoso da descoberta gradual de uma notação perfeita.

A matemática é frequentemente considerada uma ciência difícil e misteriosa por causa dos numerosos símbolos que emprega. É claro que nada é mais incompreensível do que um simbolismo que não entendemos. Um simbolismo que só entendemos parcialmente e não estamos acostumados a usar também é difícil de ser seguido. Exatamente da mesma forma, os termos técnicos de qualquer profissão ou comércio são incompreensíveis para aqueles que nunca foram treinados para usá-los Mas isto não se deve ao fato de serem difíceis em si mesmos. Pelo contrário, eles foram invariavelmente introduzidos para tornar as coisas mais fáceis. Assim, na matemática, visto que estamos dando uma atenção séria às idéias matemáticas, o simbolismo é invariavelmente uma imensa simplificação. Não é apenas de uso prático, mas é de grande interesse. Pois representa uma análise das idéias do sujeito e uma representação quase pictórica dessas relações umas com as outras. Se alguém duvida da utilidade dos símbolos, que escreva por extenso, sem nenhum símbolo, todo o significado das seguintes equações que representam algumas das leis fundamentais da álgebra[5]

$$x + y = y + x \qquad (1)$$
$$(x + y) + z = x + (y + z) \qquad (2)$$

---

[5] Ao ler essas equações, deve-se perceber o parêntesis usado no simbolismo matemático para significar que as operações dentro dele devem ser efetuadas primeiro. Assim, (1 + 3) + 2 nos orienta a primeiro adicionar 3 a 1, e depois adicionar 2 ao resultado; e 1 + (3 +2) nos orienta a primeiro adicionar 2 a 3, e depois adicionar 1 ao resultado. Um exemplo numérico da equação (5) é 2 x (3 +4) = (2 x 3) + (2 x 4). Primeiro executamos as operações entre parêntesis e obtemos 2 x 7 = 6 + 8, o que obviamente é verdadeiro.

$$x \times y = y \times x \qquad (3)$$
$$(x \times y) \times z = x \times (y \times z) \qquad (4)$$
$$x \times (y + z) = (x \times y) + (x \times z) \qquad (5)$$

Aqui (1) e (2) são chamadas as leis comutativa e associativa da adição, (3) e (4) são as leis comutativa e associativa da multiplicação, e (5) é a lei distributiva relativa à adição e à multiplicação. Para exemplificar, sem símbolos, (1) torna-se: Se um segundo número for adicionado a qualquer número, o resultado será o mesmo que o valor que se obterá caso o primeiro número seja adicionado ao segundo número.

Este exemplo mostra que, com a ajuda do simbolismo, podemos fazer transições no raciocínio quase mecanicamente, apenas pelo olhar, o que, de outra forma, colocaria em jogo as faculdades superiores do cérebro.

É um truísmo profundamente errado, repetido por todos os livros didáticos e por pessoas eminentes quando estão a discursar, aquele que diz que devemos cultivar o hábito de pensar no que estamos fazendo. O oposto é exatamente o caso. A civilização avança à medida em que ampliamos o número de operações importantes que podemos realizar sem pensar nelas. As operações do pensamento são como as cargas de cavalaria em uma batalha, elas são estritamente limitadas em número, exigem cavalos novos e só devem ser feitas em momentos decisivos.

Uma propriedade muito importante para o simbolismo é que ele deve ser conciso, de modo a ser visível a um relance do olho e ser rapidamente escrito. Agora, não podemos colocar os símbolos juntos de forma mais concisa do que colocá-los em justaposição imediata. Em um bom simbolismo, portanto, a justaposição de símbolos importantes deve ter um significado importante. Esse é um dos méritos da notação árabe para números; por meio de dez símbolos, 0, 1, 2, 3, 4, 5, 6, 7, 8, 9, e por justaposição simples, ele simboliza qualquer número, qualquer que seja esse número. Novamente, em álgebra, quando temos dois números variáveis x e y, temos que fazer uma escolha quanto ao que será denotado por sua justaposição xy. Agora, as duas idéias mais importantes disponíveis são as de adição e multiplicação. Os matemáticos optaram por tornar seu simbolismo mais conciso, definindo que xy representa $x \times y$. Assim, as leis (3), (4) e (5) acima são geralmente escritas,

$$xy = yx, \quad (xy)z = x(yz), \quad x(y+z) = xy + xz,$$

garantindo assim um grande ganho em concisão. A mesma regra de simbolismo é aplicada à justaposição de um número definido e uma variável: escrevemos $3x$ para $3 \times x$ e $30x$ para $30 \times x$.

É evidente que ao substituir as variáveis por números definidos, algum cuidado deve ser tomado para restaurar o $\times$, de modo a não entrar em conflito com a notação árabe. Assim, quando substituímos 2 por x e 3 por y em xy, devemos escrever 2×3 para o xy, e não 23, o que significaria $20 + 3$.

É interessante notar como um símbolo de aparência modesta pode ser importante para o desenvolvimento da ciência. Pode significar a apresentação enfática de uma idéia, muitas vezes uma idéia muito sutil, e por sua existência tornar fácil a exibição da relação dessa idéia com todas as sequências complexas de idéias em que ela ocorre. Por exemplo, pegue o mais modesto de todos os símbolos, a saber, 0, que representa o número *zero*. A notação romana para os números não tinha o símbolo do zero, e provavelmente a maioria dos matemáticos do mundo antigo ficaria terrivelmente intrigada com a idéia do número zero. Afinal, é uma idéia muito sutil, nem um pouco óbvia. Muita discussão sobre o significado da quantidade do zero será encontrada em obras filosóficas. O zero não é, na verdade, mais difícil ou sutil em idéia do que os outros números naturais. O que queremos dizer com 1, 2 ou 3? Estamos familiarizados com o uso dessas idéias, embora muitos de nós devamos ficar intrigados ao analisar claramente as idéias mais simples que as formam. O ponto sobre o zero é que não precisamos usá-lo nas operações da vida diária. Ninguém sai para comprar zero peixe. É, de certa forma, o mais civilizado de todos os naturais, e seu uso só nos é imposto pelas necessidades dos modos de pensamento que foram cultivados. Muitos serviços importantes são prestados pelo símbolo 0, que representa o número zero.

O símbolo desenvolveu-se em conexão com a notação árabe para números da qual ele é uma parte essencial. Pois, nessa notação, o valor de um dígito depende da posição na qual ele aparece. Considere, por exemplo, o dígito 5, como aparecendo nos números 25, 51, 3512, 5213. No primeiro número, 5 representa cinco, no segundo número, 5 representa cinquenta, no terceiro número, quinhentos, e no quarto número, cinco mil. Agora, quando escrevemos o número cinquenta e um na forma simbólica 51, o algarismo 1 empurra o algarismo 5 para a segunda posição (contando da direita para a esquerda) e assim lhe dá o valor cinquenta. Mas quando queremos simbolizar cinquenta por si só, não podemos ter nenhum dígito 1 para realizar esse serviço; queremos um dígito na posição das unidades para não adicionar nada ao total e ainda empurrar o 5 para a segunda posição. Este serviço é executado por 0, o símbolo do zero. É extremamente provável que os homens que o introduziram com esse propósito não tivessem uma concepção definida em suas mentes do número zero. Eles simplesmente queriam uma marca para simbolizar o fato de que nada foi contribuído pelo lugar do dígito no qual ele ocorre. A idéia de zero provavelmente tomou forma gradualmente a partir do desejo de assimilar o significado desta marca ao significado das marcas, 1, 2, ...9, que representam os números naturais. Esse exemplo não representa o único caso em que uma idéia sutil foi introduzida na matemática por um simbolismo que, em sua origem, foi ditado pela conveniência prática.

Portanto, o primeiro uso de 0 foi para tornar a notação árabe possível — um serviço em nada leve. Podemos imaginar que, quando ele foi introduzido com esse propósito, homens práticos, do tipo que não gosta de idéias fantasiosas, rejeitaram o hábito tolo de identificá-lo com um número zero. Mas eles estavam errados, como tais homens sempre estão quando abandonam sua função apropriada de mastigar os alimentos que outros prepararam. Pois o próximo serviço executado pelo símbolo 0 depende essencialmente de atribuir a ele a função de representar o número zero.

Este segundo uso simbólico é à primeira vista tão absurdamente simples que é difícil fazer um iniciante perceber sua importância. Vamos começar com um exemplo simples. No Capítulo II, mencionamos a correlação entre dois números variáveis x e y representados pela equação $x + y = 1$. Isso pode ser representado em um número indefinido de maneiras; por exemplo, $x = 1 - y$, $y = 1 - x$, $2x + 3y - 1 = x + 2y$, e assim por diante. Mas a maneira importante de afirmar isso é

$$x + y - 1 = 0$$

Da mesma forma, a maneira importante de escrever a equação $x = 1$ é $x - 1 = 0$, e de representar a equação $3x - 2 = 2x^2$ é $2x^2 - 3x + 2 = 0$. A questão é que todos os símbolos que representam variáveis, por exemplo x e y, e os símbolos que representam algum número definido diferente de zero, como 1 ou 2 nos exemplos acima, são escritos no lado esquerdo, de modo que todo o lado esquerdo é igualado ao número zero. Diz-se que o primeiro homem a fazer isso foi Thomas Harriot, nascido em Oxford em 1560 e morto em 1621. Mas qual é a importância desse procedimento simbólico simples? Ele tornou possível o crescimento da concepção moderna da *forma algébrica*.

Esta é uma idéia à qual teremos que recorrer continuamente; não seria exagero dizer que nenhuma parte da matemática moderna pode ser devidamente compreendida sem recorrência constante a ela. A concepção da sua forma é tão geral que é difícil caracterizá-la em termos abstratos. Nessa fase, faremos melhor ao apenas considerar exemplos. Assim, as equações $2x - 3 = 0, x - 1 = 0, 5x - 6 = 0$ são todas equações de mesma forma, ou seja, equações que envolvem um único x indeterminado que não é multiplicado por si mesmo, uma vez que x^2, x^3, etc., não aparecem. Novamente, $3x^2 - 2x + 1 = 0, x^2 = 3x + 2 = 0, x^2 - 4 = 0$, são todas equações de mesma forma, ou seja, equações envolvendo um desconhecido x em que $x \times x$, isso é x^2, aparece. Essas equações são chamadas de equações quadráticas. Similarmente, as equações cúbicas, nas quais x^3 aparece, geram outra forma, e assim por diante. Entre as três equações quadráticas fornecidas acima, há uma pequena diferença entre a última equação, $x^2 - 4 = 0$, e as duas equações anteriores, devido ao fato de que x (que é distinto de x^2) não aparece na última e aparece nas outras duas. Essa distinção é muito sem importância em comparação com o grande fato de que todas as três são equações quadráticas.

Além disso, existem as formas de equação que indicam correlações entre duas variáveis; por exemplo, $x + y - 1 = 0$, $2x + 3y - 8 = 0$, e assim por diante. Estes são exemplos do que é chamado de forma *linear* de equação. A razão para este nome de "linear" é que o método gráfico de representação, que é explicado no final do Capítulo II, sempre representa tais equações para uma linha reta. Depois, há outras formas para duas variáveis, por exemplo, a forma quadrática, a forma cúbica e assim por diante. Mas o ponto no qual insistimos aqui é que este estudo da forma é facilitado e, de fato, tornado possível pelo método padrão de escrever equações com o símbolo 0 do lado direito.

Existe ainda outra função desempenhada por 0 em relação ao estudo da forma. Qualquer que seja o número x, $0 \times x = 0$ e $x + 0 = x$. Por meio dessas propriedades, pequenas diferenças de forma podem ser assimiladas. Assim, a diferença mencionada acima entre as equações quadráticas $x^2 - 3x + 2 = 0$ e $x^2 - 4 = 0$ pode ser obliterada escrevendo a última equação na forma $x^2 + (0 \times x) - 4 = 0$. Então, pela lei declarada acima, $x^2 + (0 \times x) - 4 = x^2 + 0 - 4 = x^2 - 4$. Portanto, a equação $x^2 - 4 = 0$ é meramente representativa de uma classe particular de equações quadráticas e pertence à mesma forma geral que $x^2 - 3x + 2 = 0$.

Por essas três razões, o símbolo 0, representando o número zero, é essencial para a matemática moderna. Ele tornou possíveis tipos de investigação que seriam impossíveis sem ele.

O simbolismo da matemática é na verdade o resultado das idéias gerais que dominam a ciência. Temos agora duas dessas idéias gerais diante de nós, a da variável e a da forma algébrica. A junção desses conceitos impôs à matemática outro tipo de simbolismo quase pitoresco em seu caráter, mas não menos eficaz. Vimos que uma equação envolvendo duas variáveis, x e y, representa uma correlação particular entre o par de variáveis. Assim, $x + y - 1 = 0$ representa uma correlação definida, e $3x + 2y - 5 = 0$ representa outra correlação definida entre as variáveis x e y; e ambas as correlações têm a forma do que chamamos de correlações lineares. Mas agora, como podemos representar *qualquer* correlação linear entre os números das variáveis x e y? Aqui queremos simbolizar *qualquer* correlação linear; assim como x simboliza *qualquer* número. Isso é feito transformando os números que ocorrem na correlação definida $3x + 2y - 5 = 0$ em letras. Obtemos $ax + by - c = 0$. Aqui, a, b, c representam números de variáveis, assim como x e y: mas há uma diferença no uso dos dois conjuntos de variáveis. Estudamos as propriedades gerais da relação entre x e y enquanto a, b e c têm valores imutáveis. Não determinamos quais são os valores de a, b e c; mas sejam quais forem, eles permanecem fixos enquanto estudamos a relação entre as variáveis x e y para todo o grupo de valores possíveis de x e y. Mas quando obtivemos as propriedades dessa correlação, notamos que, porque a, b e c não foram de fato determinadas, provamos propriedades que devem pertencer a *qualquer* relação desse tipo. Assim, agora variando a, b e c, chegamos à idéia de que $ax + by - c = 0$ representa uma correlação linear variável entre x e y. Em comparação com x e y, as três variáveis a, b e c são chamadas de constantes. As variáveis usadas desta forma são às vezes também chamadas de parâmetros.

Agora, os matemáticos habitualmente evitam o trabalho de explicar quais de suas variáveis devem ser tratadas como "constantes" e quais como variáveis, consideradas como correlacionadas em suas equações, usando letras no final do alfabeto para as variáveis "variáveis", e letras no início do alfabeto para as "constantes" variáveis ou parâmetros. Os dois sistemas se encontram naturalmente no meio do alfabeto. Às vezes, uma ou duas palavras de explicação são necessárias; mas, na verdade, o costume e o bom senso costumam ser suficientes e, surpreendentemente, pouca confusão é causada por um procedimento que parece tão negligente.

O resultado dessa eliminação contínua de números definidos por sucessivas camadas de parâmetros é que a quantidade de aritmética realizada pelos matemáticos é extremamente pequena. Muitos matemáticos não gostam de todo o cálculo numérico e não são particularmente especialistas nisso. O território da aritmética termina onde as duas idéias de "variáveis" e de "forma algébrica" começam seu domínio.

CAPÍTULO VI
GENERALIZAÇÕES DO NÚMERO

Uma grande peculiaridade da matemática é o conjunto de idéias associadas que foram inventadas em conexão com os números inteiros. Essas idéias podem ser chamadas de extensões ou generalizações do número. Em primeiro lugar, existe a idéia de frações. O primeiro tratado de aritmética que possuímos foi escrito por um sacerdote egípcio, chamado Ahmes, entre 1700 a.C. e 1100 a.C., e provavelmente é uma cópia de uma obra muito mais antiga. Ele lida principalmente com as propriedades das frações. Parece, portanto, que esse conceito foi desenvolvido muito cedo na história da matemática. Na verdade, o assunto é muito óbvio. Dividir um campo em três partes iguais, e considerar duas das partes, deve ser um tipo de operação que ocorreu com frequência. Consequentemente, não devemos nos surpreender que os homens de civilizações remotas estivessem familiarizados com a idéia de dois terços e com noções associadas. Assim, como primeira generalização do número, colocamos o conceito de frações. Os gregos pensavam nesse assunto mais na forma de proporção, de modo que um grego naturalmente diria que uma linha de dois pés de comprimento tem para uma linha de três pés de comprimento a proporção de 2 para 3. Sob a influência de nosso método de notação algébrica, diríamos com mais frequência que uma linha tinha dois terços da outra em comprimento e pensaríamos em dois terços como um multiplicador numérico.

Em conexão com a teoria da razão, ou das frações, os gregos fizeram uma grande descoberta, que deu origem a uma grande quantidade de pensamentos filosóficos e matemáticos. Eles descobriram a existência de razões "incomensuráveis". Eles provaram, de fato, durante o curso de suas investigações geométricas que, começando com uma linha de qualquer comprimento, devem existir outras linhas cujos comprimentos não correspondam ao comprimento original pela razão de qualquer par de inteiros — ou, em outras palavras, que existem comprimentos que não são nenhuma fração exata do comprimento original.

Por exemplo, a diagonal de um quadrado não pode ser expressa como nenhuma fração do lado do mesmo quadrado; em nossa notação moderna, o comprimento da diagonal é $\sqrt{2}$ vezes o comprimento do lado. Mas não há fração que represente exatamente $\sqrt{2}$. Podemos nos aproximar de $\sqrt{2}$ o quanto quisermos, mas nunca alcançamos exatamente o seu valor. Por exemplo, $\frac{49}{25}$ é apenas um pouco menor que 2, e $\frac{9}{4}$ é maior que 2, de modo que $\sqrt{2}$ está entre $\frac{7}{5}$ e $\frac{3}{2}$. Mas a melhor forma sistemática de se aproximar da $\sqrt{2}$ obtendo uma série de frações decimais, cada uma maior que a última, é pelo método comum de extração de raiz quadrada; assim, a série é $1, \frac{14}{10}, \frac{141}{100}, \frac{1414}{1000}$ e daí por diante.

Razões desse tipo são chamadas pelos gregos de incomensuráveis. Desde o tempo dos gregos, elas têm suscitado uma grande discussão filosófica e as dificuldades relacionadas a elas só recentemente foram esclarecidas.

Colocaremos as proporções incomensuráveis com as frações, e consideraremos todo o conjunto de números inteiros, números fracionários e números incomensuráveis como formando uma classe de números que chamaremos de "números reais". Sempre pensamos nos números reais como dispostos em ordem de magnitude, começando de zero e indo para cima, e tornando-se indefinidamente maiores e maiores à medida que avançamos. Os números reais são convenientemente representados por pontos em uma linha.

$$\begin{array}{c|ccccccccc|}
0 & \frac{1}{2} & 1 & \frac{3}{2} & 2 & \frac{5}{2} & 3 & \frac{7}{2} & 4 \\
\hline
O & M & A & N & B & P & C & Q & D & X
\end{array}$$

Seja OX qualquer linha que se estenda na direção de OX. Pegue qualquer ponto conveniente, A, sobre ela, para que OA represente o comprimento da unidade; e divida os comprimentos AB, BC, CD, e assim por diante, cada um igual a OA. Então o ponto O representa o número 0, A o número 1, B o número 2 e assim por diante. De fato, o número representado por qualquer ponto é a medida de sua distância de 0, em termos do comprimento da unidade OA. Os pontos entre O e A representam as frações adequadas e os números incomensuráveis inferiores a 1; o ponto médio da OA representa $\frac{1}{2}$, o da AB representa $\frac{3}{2}$, o da BC representa $\frac{5}{2}$, e assim por diante. Desta forma, cada ponto em OX representa um número real, e cada número real é representado por um ponto em OX.

A série (em fila) de pontos ao longo de OX, partindo de O e movendo-se com regularidade na direção de O a X, representa os números reais dispostos em ordem ascendente de grandeza, partindo de zero e aumentando continuamente à medida que avançamos.

Tudo isso parece suficientemente simples, mas mesmo nesta fase há algumas idéias interessantes a serem obtidas se nos debruçarmos sobre esses fatos óbvios. Considere a série de pontos que representam apenas os números inteiros, a saber, os pontos $O, A, B, C, D,$ etc. Aqui há um primeiro ponto O, um ponto seguinte definido, A, e cada ponto, como A ou B, tem um predecessor imediato definido e um sucessor imediato definido, com exceção do O, que não tem predecessor; a série também continua indefinidamente sem fim. Esse tipo de ordem é chamado de ordem dos inteiros; sua essência é a posse de vizinhos do lado, um de cada lado, com exceção do primeiro número da fila. Considere novamente os números inteiros e frações juntos, omitindo os pontos que correspondem às proporções incomensuráveis. O tipo de ordem da série que obtemos agora é bem diferente. Há um primeiro termo; mas nenhum termo tem qualquer predecessor imediato ou sucessor imediato. Isto é facilmente visível, pois entre quaisquer duas frações podemos sempre encontrar outra fração intermediária em valor. Uma maneira muito simples de fazer isso é somar as frações e reduzir o resultado pela metade. Por exemplo, entre $\frac{2}{3}$ e $\frac{3}{4}$, está a fração $\frac{1}{2}\left(\frac{2}{3}+\frac{3}{4}\right)$, que é $\frac{17}{24}$; e entre $\frac{2}{3}$ e $\frac{17}{24}$ está a fração $\frac{1}{2}\left(\frac{2}{3}+\frac{17}{24}\right)$, que é $\frac{33}{48}$; e assim por diante, indefinidamente. Por causa dessa propriedade, a série é considerada "compacta". Não há um ponto final para a série, que aumenta indefinidamente sem limites à medida que avançamos ao longo da linha OX. À primeira vista, pareceria que o tipo de série que se obtém desta forma a partir das frações, sempre incluindo os inteiros, é o mesmo que se obtém a partir de todos os números reais, inteiros, frações e incomensuráveis tomados em conjunto, ou seja, a partir de todos os pontos da linha OX. Tudo o que temos dito até agora sobre as séries de frações se aplica igualmente bem às séries de todos os números reais. Mas existem diferenças importantes que agora desenvolveremos. A ausência dos incomensuráveis das séries de frações deixa uma ausência de pontos finais para certas classes. Portanto, considere o incomensurável $\sqrt{2}$. Na série de números reais, ele se situa entre todos os números cujos quadrados são inferiores a 2, e todos os números cujos quadrados são maiores que $\sqrt{2}$. Mas, se mantivermos apenas a série de frações, desconsiderando os incomensuráveis de forma que não possamos utilizar o $\sqrt{2}$, não haverá fração que tenha a propriedade de dividir a série em duas partes da forma que fizemos há pouco, ou seja, de modo que todos os membros de um lado têm seus quadrados menores que 2 e, do outro lado, maiores que 2. Portanto, na série de frações, há uma quase lacuna onde o $\sqrt{2}$ deveria estar. Essa presença de lacunas na série de frações pode parecer uma pequena questão; mas qualquer matemático, que por acaso leia isto, sabe que a possível ausência de limites ou máximos para uma classe de números, que contudo não se estende por toda a série de números, não é um mal pequeno. É para evitar essa dificuldade que se recorre aos incomensuráveis, a fim de obter uma série completa sem lacunas.

Existe outra diferença ainda mais fundamental entre as duas séries. Podemos reorganizar as frações em uma série como a dos inteiros, ou seja, com um primeiro termo, e de forma que cada termo tenha um sucessor imediato e (exceto o primeiro termo) um predecessor imediato. Podemos mostrar como isso pode ser feito.

Faça com que cada termo da série de frações e números inteiros seja escrito na forma fracionária escrevendo $\frac{1}{1}$ para 1, $\frac{2}{1}$ para 2, e assim por diante para todos os inteiros, exceto o 0. Também, por enquanto, vamos considerar como distintas as frações que são iguais em valor, mas não estão reduzidas a seus termos mais baixos; de modo que, por exemplo, até novo aviso, $\frac{2}{3}, \frac{4}{6}, \frac{6}{9}, \frac{8}{12}$, etc., todas serão consideradas como sendo frações distintas. Agora agrupe as frações em classes somando o numerador e o denominador de cada termo. Por uma questão de brevidade, chame essa soma do numerador e denominador de uma fração de seu índice. Assim, 7 é o índice de $\frac{4}{3}$, e também de $\frac{3}{4}$, e de $\frac{2}{5}$. Faça com que as frações de cada classe sejam todas as frações que têm algum índice especificado, que, portanto, também pode ser chamado de índice de classe. Agora organize essas classes na ordem de grandeza de seus índices. A primeira classe tem o índice 2, e seu único membro é $\frac{1}{1}$; A segunda classe tem o índice 3, e seus membros são $\frac{1}{2}$ e $\frac{2}{1}$; A terceira classe tem o índice 4, e seus membros são $\frac{1}{3}, \frac{2}{2}, \frac{3}{1}$; A quarta classe tem o índice 5, e seus membros são $\frac{1}{4}, \frac{2}{3}, \frac{3}{2}$ e $\frac{4}{1}$; e assim por diante. É fácil perceber que o número de membros (ainda incluindo as frações que não estão em seus termos mais baixos) pertencentes a qualquer classe é um a menos que seu índice. Além disso, os membros de qualquer classe podem ser organizados em ordem tomando o primeiro membro como a fração com numerador 1, o segundo membro tendo o numerador 2, e assim por diante, até $(n-1)$ onde n é o índice. Assim, para a classe de índice n os membros aparecem nesta ordem $\frac{1}{n-1}, \frac{2}{n-2}, \frac{3}{n-3}, ..., \frac{n-1}{1}$. Os membros das quatro primeiras classes foram de fato mencionados nessa ordem. Assim, todo o conjunto de frações foi agora organizado em uma ordem como a dos inteiros. Ele decorre assim:

$$\frac{1}{1}, \frac{1}{2}, \frac{2}{1}, \frac{1}{3}, \left[\frac{2}{2}\right], \frac{3}{1}, \frac{1}{4}, \frac{2}{3}, \frac{3}{2}, \frac{4}{1}, ...,$$

$$\frac{n-2}{1}, \frac{1}{n-1}, \frac{2}{n-2}, \frac{3}{n-3}, ..., \frac{n-1}{1}, \frac{1}{n},$$

e assim por diante.

Agora podemos nos livrar de todas as repetições de frações do mesmo valor simplesmente eliminando-as sempre que aparecerem após sua primeira ocorrência. Dentre os poucos termos iniciais escritos acima, o $\frac{2}{2}$, que está colocado acima entre colchetes, é a única fração que não está reduzida a seus termos mais baixos. Ela já ocorreu antes como $\frac{1}{1}$. Portanto, deve ser eliminada. Mas a série ainda permanece com as mesmas propriedades, a saber, (a) há um primeiro termo, (b) cada termo tem vizinhos próximos, (c) a série continua sem fim.

Pode-se provar que não é possível organizar toda a série de números reais dessa forma. Este curioso fato foi descoberto por Georg Cantor, um matemático alemão ainda vivo[6]; ele é um dos fatos de maior importância na filosofia das idéias matemáticas. De fato, estamos aqui tocando à margem dos grandes problemas do significado de continuidade e do infinito.

Outra extensão do número vem da introdução da idéia do que tem sido denominado de várias maneiras uma operação ou uma etapa, nomes que são respectivamente apropriados de pontos de vista ligeiramente diferentes. Começaremos com um caso particular. Considere a declaração $2 + 3 = 5$. Acrescentamos 3 a 2 e obtemos 5. Pense na operação de somar 3: seja ela denotada por + 3. Novamente, $4 - 3 = 1$. Pense na operação de subtrair 3: deixe ela ser denotada por - 3. Assim, em vez de considerar os números reais em si mesmos, consideramos as *operações* de adição ou subtração deles; ao invés de $\sqrt{2}$, nós consideramos $+\sqrt{2}$ e $-\sqrt{2}$, ou seja, as operações de somar $\sqrt{2}$ e subtrair $\sqrt{2}$. Então, podemos adicionar estas operações naturalmente em um sentido diferente de adição àquele em que adicionamos números. A soma de duas operações é a única operação que tem o mesmo efeito que as duas operações aplicadas sucessivamente. Em que ordem as duas operações devem ser aplicadas? A resposta é que ela é indiferente, já que, por exemplo

---

[6] N.T. Georg Cantor morreu em 6 de janeiro de 1918.

$$2 + 3 + 1 = 2 + 1 + 3;$$

de modo que a adição das etapas +3 e +1 é comutativa.

Os matemáticos têm o hábito, que é intrigante para aqueles que estão empenhados em descobrir significados, mas que é muito conveniente na prática, de usar o mesmo símbolo em sentidos diferentes, embora relacionados. O único requisito essencial para um símbolo aos olhos deles é que, quaisquer que sejam suas possíveis variedades de significado, as leis formais para seu uso devem ser sempre as mesmas. De acordo com esse hábito, a adição de operações é denotada por +, bem como a adição de números. Assim podemos escrever

$$(+3) + (+1) = +4;$$

onde o + do meio no lado esquerdo denota a adição das operações +3 e +1. Mas, além disso, não precisamos ser tão pedantes em nosso simbolismo, exceto nos raros casos em que estamos rastreando significados diretamente; assim, sempre descartamos o primeiro + de uma linha e os parênteses, e nunca escrevemos dois sinais + seguidos. Sendo assim, a equação acima torna-se em

$$3 + 1 = 4,$$

que interpretamos como simples adição numérica, ou como a adição mais elaborada de operações que é totalmente expressa na forma anterior de escrever a equação, ou, finalmente, como expressando o resultado da aplicação da operação +1 ao número 3 com a obtenção do número 4. Qualquer interpretação possível é sempre correta. Mas a única interpretação sempre possível, sob certas condições, é a das operações. As outras interpretações geralmente fornecem resultados absurdos.

Isso nos leva de imediato a uma pergunta que deve ter surgido com insistência na mente do leitor: para que serve toda essa elaboração? Nesse ponto, nosso amigo, o homem prático, certamente intervirá e insistirá em varrer todas essas teias de aranha idiotas do cérebro. A resposta é que o que o matemático busca é generalidade. Essa é uma idéia que vale a pena ser colocada ao lado das noções de Variável e de Forma no que diz respeito à sua importância para governar os procedimentos matemáticos. Qualquer limitação sobre a generalidade dos teoremas, ou das provas, ou da interpretação é repugnante para o instinto matemático. Essas três noções de variável, de forma e de generalidade constituem uma espécie de trindade matemática que preside a todo o assunto. Todas elas realmente surgem da mesma raiz, ou seja, da natureza abstrata da ciência.

Vejamos como se adquire generalidade com a introdução desta idéia de operações. Tomemos a equação $x + 1 = 3$; a solução é $x = 2$. Aqui podemos interpretar nossos símbolos como meros números, e o apelo à "operações" é totalmente desnecessário. Mas, se x é um mero número, a equação $x + 3 = 1$ é um absurdo. Pois x deve ser o número de coisas que restam quando você tirou 3 coisas de 1 única coisa; e nenhum procedimento desse tipo é possível. Neste ponto, nossa idéia de forma algébrica entra em cena, ela própria apenas generalizando sob outro aspecto. Consideramos, portanto, a equação geral da mesma forma que $x + 1 = 3$. Esta equação é $x + a = b$, e sua solução é $x = b - a$. Aqui nossas dificuldades se tornam agudas; pois esta forma só pode ser usada para a interpretação numérica enquanto b for maior que a, e não podemos dizer sem qualificar que a e b podem ser quaisquer constantes. Em outras palavras, introduzimos uma limitação na variabilidade das "constantes" a e b, que devemos arrastar como uma corrente por todo o nosso raciocínio. Investigações matemáticas realmente prolongadas seriam impossíveis em tais condições. Cada equação seria finalmente enterrada sob uma pilha de limitações. Mas se agora interpretarmos nossos símbolos como "operações", todas as limitações desaparecerão como mágica. A equação $x + 1 = 3$ dá $x = +2$, a equação $x + 3 = 1$ dá $x = -2$, a equação $x + a = b$ dá $x = b - a$, que é uma operação de adição ou subtração conforme o caso. Nunca precisamos decidir se $b - a$ representa a operação de adição ou subtração, pois as regras de procedimento com os símbolos são as mesmas em ambos os casos.

Não está no plano deste trabalho escrever um capítulo detalhado de álgebra elementar. Nosso objetivo é apenas tornar claras as idéias fundamentais que orientam a formação da ciência.

Consequentemente, não explicamos mais as regras detalhadas pelas quais os "números positivos e negativos" são multiplicados e combinados de outra forma. Explicamos acima que os números positivos e negativos são operações. Eles também foram chamados de "etapas". Assim, +3 é a etapa pelo qual vamos de 2 para 5, e -3 é a etapa para trás pelo qual vamos de 5 para 2. Considere a linha OX dividida da maneira explicada na parte anterior do capítulo, de forma que seus pontos representam números. Então +2

$$X'\frac{D'\ C'\ B'\ A' \quad +1+2+3}{-3-2-1\ \ O\ \ A\ B\ C\ D\ E}X$$

é a etapa de O para B, ou de A para C, ou (se as divisões forem feitas para trás ao longo de OX') de C' para A', ou de D' para B' e assim por diante. Da mesma forma, -2 é a etapa de O para B', ou de B' para D', ou de B para O, ou de C para A.

Podemos considerar o ponto que é alcançado por uma etapa de O, como representante dessa etapa. Assim, A representa +1, B representa +2, A' representa -1, B' representa -2 e assim por diante. Podemos notar que, enquanto que anteriormente com os meros números reais "sem sinal" os pontos em um lado de O apenas, ou seja, ao longo de OX, eram representantes dos números, agora, com etapas, cada ponto em toda a linha que se estende em ambos os lados de O é representante de uma etapa. Essa é uma representação pictórica da generalidade superior introduzida pelos números positivos e negativos, nomeadamente, as operações ou etapas. Esses números "com sinais" também são casos particulares do que tem sido chamado de vetores (do latim *veho*, desenho ou carrego). Pois podemos pensar em uma partícula como sendo carregada de O para A, ou de A para B.

Ao sugerir algumas páginas atrás que o homem prático faria objeções à sutileza envolvida pela introdução dos números positivos e negativos, estávamos caluniando aquele excelente indivíduo. Pois, na verdade, estamos no cenário de um de seus maiores triunfos. Se a verdade deve ser confessada, foi o próprio homem prático quem primeiro empregou os símbolos reais + e -. Sua origem não é muito certa, mas parece mais provável que tenham surgido das marcas feitas a giz em arcas de mercadorias em armazéns alemães, para denotar excesso ou defeito de algum peso padrão. O primeiro registro deles ocorreu em um livro publicado em Leipzig, em 1489 d.C. Eles parecem ter sido empregados primeiro em matemática por um matemático alemão, Stifel, em um livro publicado em Nuremberg em 1544 d.C. Mas só recentemente os alemães passaram a ser vistos como uma nação prática. Há um antigo epigrama que atribui o império do mar aos ingleses, da terra aos franceses, e das nuvens aos alemães. Certamente foi das nuvens que os alemães buscaram o + e -; as idéias que esses símbolos geraram são importantes demais para o bem estar da humanidade, para terem vindo do mar ou da terra.

As possibilidades de aplicação dos números positivos e negativos são muito óbvias. Se os comprimentos em uma direção são representados por números positivos, aqueles na direção oposta são representados por números negativos. Se a velocidade em uma direção é positiva, a velocidade na direção oposta é negativa. Se uma rotação ao redor de um mostrador na direção oposta aos ponteiros do relógio (anti-horário) é positiva, a rotação no sentido horário é negativa. Se o saldo no banco for positivo, o cheque especial é negativo. Se a eletrificação vítrea for positiva, a eletrificação resinosa será negativa. Com efeito, neste último caso, os termos eletrificação positiva e eletrificação negativa, considerados meros nomes, praticamente afastaram os demais termos. Uma série interminável de exemplos pode ser fornecida. A idéia de números positivos e negativos foi praticamente a mais bem-sucedida das sutilezas matemáticas.

CAPÍTULO VII
NÚMEROS IMAGINÁRIOS

Se as idéias matemáticas de que tratamos no último capítulo foram um sucesso popular, as do presente capítulo atraíram quase a mesma atenção geral. Mas seu sucesso foi de um caráter diferente, foi o que os franceses chamam de *succès de scandale*. Não apenas o homem prático, mas também homens de letras e filósofos expressaram sua perplexidade com a devoção dos matemáticos à entidades misteriosas que, por seu próprio nome, se confessam imaginárias. Neste ponto pode ser útil observar que um certo tipo de intelecto está sempre se preocupando a si mesmo e a outros através da discussão quanto à aplicabilidade de termos técnicos. Os números incomensuráveis são devidamente chamados de números? Os números positivos e negativos são realmente números? Os números imaginários são imaginários, e eles são números? São tipos de perguntas fúteis. Agora, nunca é demais entender claramente que, na ciência, os termos técnicos são nomes arbitrariamente atribuídos, como os nomes cristãos às crianças. Não pode haver dúvidas de que os nomes são certos ou errados. Eles podem ser judiciosos ou injudiciosos; pois às vezes podem ser organizados de modo a serem fáceis de lembrar, ou de modo a sugerir idéias relevantes e importantes. Mas o princípio essencial envolvido foi claramente enunciado no País das Maravilhas para Alice por Humpty Dumpty, quando ele lhe disse a respeito de como usava as palavras: "Eu as pago a mais e as faço significar o que eu gosto". Portanto, não nos preocuparemos em saber se números imaginários são imaginários, ou se são números, mas tomaremos a frase como o nome arbitrário de uma certa idéia matemática, que agora vamos nos esforçar para deixar clara.

A origem da concepção é em todos os aspectos semelhante à dos números positivos e negativos. Exatamente da mesma maneira, isso se deve às três grandes idéias matemáticas: a da variável, da forma algébrica e da generalização. Os números positivos e negativos surgiram da consideração de equações como $x + 1 = 3, x + 3 = 1$ e a forma geral $x + a = b$. Da mesma forma, a origem dos números imaginários é devida a equações como $x^2 + 1 = 3$, $x^2 + 3 = 1$, e $x^2 + a = b$. Exatamente o mesmo processo é realizado. A equação $x^2 + 1 = 3$ torna-se $x^2 = 2$, e isso tem duas soluções, $x = +\sqrt{2}$ ou $x = -\sqrt{2}$. A afirmação de que existem essas soluções alternativas é geralmente escrita $x = \pm\sqrt{2}$. Até agora tudo está tranquilo, como no caso anterior. Mas agora surge uma dificuldade análoga. Para a equação $x^2 + 3 = 1$ temos $x^2 = -2$ e não há nenhum número positivo ou negativo que, quando multiplicado por ele mesmo, resultará em um quadrado negativo. Portanto, se nossos símbolos significam os números positivos e negativos comuns, não há solução para $x^2 = -2$, e a equação é, de fato, um absurdo. Assim, finalmente assumindo a forma geral $x^2 + a = b$, encontramos o par de soluções $x = \pm\sqrt{(b-a)}$, quando, e somente quando, b não é menor que a. Assim, não podemos dizer sem restrições que as "constantes" a e b podem ser quaisquer números, ou seja, as "constantes" a e b não são, como deveriam ser, "variáveis" independentes e irrestritas; e assim, mais uma vez, uma série de limitações e restrições se acumularão em torno de nosso trabalho à medida que prosseguimos.

A mesma tarefa que antes, portanto, nos aguarda: devemos dar uma nova interpretação a nossos símbolos, de modo que as soluções $\pm\sqrt{(b-a)}$ para a equação $x^2 + a = b$ sempre tenham sentido. Em outras palavras, precisamos de uma interpretação dos símbolos para que $\sqrt{a}$ tenha sempre um significado, seja a positivo ou negativo. Naturalmente, a interpretação deve ser tal que todas as leis formais comuns para adição, subtração, multiplicação e divisão permaneçam válidas; e também não deve interferir na generalidade que alcançamos com o uso dos números positivos e negativos. De fato, devemos, de certa forma, incluí-los como casos especiais. Quando a é negativo, podemos escrever $-c^2$ para simbolizá-lo. Então

$$\sqrt{a} = \sqrt{(-c^2)} = \sqrt{\{(-1) \times c^2\}}$$
$$= \sqrt{(-1)} \sqrt{c^2} = c\sqrt{(-1)}.$$

Portanto, se pudermos interpretar nossos símbolos de modo que $\sqrt{(-1)}$ tenha um significado, alcançaremos nosso objetivo. Assim, o $\sqrt{(-1)}$ passou a ser visto como a frente e a vanguarda de todas as quantidades imaginárias.

Este trabalho de encontrar uma interpretação para $\sqrt{(-1)}$ é um trabalho muito mais difícil do que o análogo de interpretar -1. Na verdade, enquanto o problema mais fácil foi resolvido quase instintivamente assim que surgiu, no início, dificilmente ocorreu a idéia — mesmo para os maiores matemáticos — de que aqui houvesse um problema que pudesse ser resolvido. Equações como $x^2 = -3$, quando surgiram, foram simplesmente descartadas como absurdas.

No entanto, foi sendo gradualmente percebido durante o século XVIII, e mesmo antes, que seria muito conveniente se uma interpretação pudesse ser atribuída a estes símbolos sem sentido. O raciocínio formal com tais símbolos se fez, apenas presumindo que eles obedecessem às leis algébricas comuns de transformação; então, percebeu-se que, se esses símbolos pudessem ser usados legitimamente, muitas possibilidades poderiam surgir a partir deles. Muitos matemáticos, até então, não eram muito claros quanto à lógica de seu procedimento, e, assim, ganhou terreno a idéia de que, de alguma forma misteriosa, símbolos que nada significam podem, por meio da manipulação apropriada, produzir provas válidas de proposições. Nada poderia ser mais equivocado. Um símbolo que não foi definido corretamente não é um símbolo. É apenas uma mancha de tinta que tem um formato facilmente reconhecível no papel. Nada pode ser provado por uma sucessão de borrões, exceto a existência de uma caneta ruim ou de um escritor descuidado. Foi nessa época que o epíteto "imaginário" veio a ser aplicado a $\sqrt{(-1)}$. O que esses matemáticos realmente conseguiram provar foi uma série de proposições hipotéticas, das quais esta é a forma em básica: Se existem interpretações para $\sqrt{(-1)}$ e para a adição, subtração, multiplicação e divisão de $\sqrt{(-1)}$ que fazem com que as regras algébricas básicas (por exemplo, $x + y = y + x$, etc.) estejam satisfeitas, então tais e tais resultados se seguem. Era natural que os matemáticos nem sempre apreciassem o grande "Se", que deveria preceder as declarações de seus resultados.

Como era de se esperar, a interpretação, quando encontrada, foi uma questão muito mais elaborada do que a dos números negativos e a atenção do leitor deve ser solicitada para uma cuidadosa explicação preliminar.

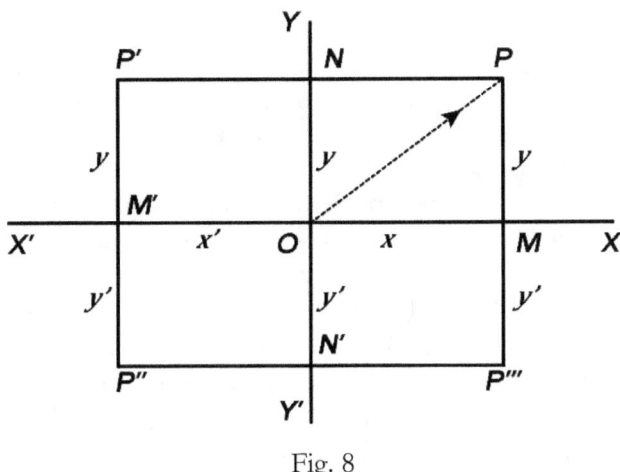

Fig. 8

Já vimos a representação de um ponto por dois números. Com a ajuda dos números positivos e negativos, podemos agora representar a posição de qualquer ponto em um plano por um par de tais números.

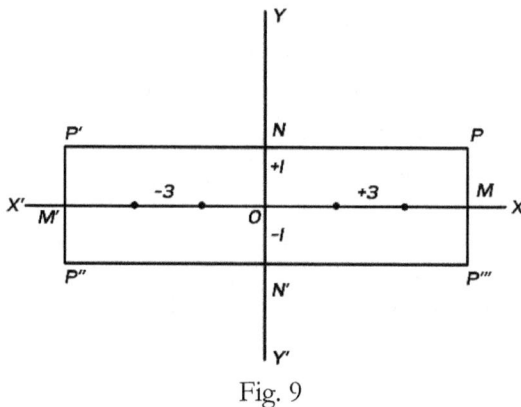

Fig. 9

Assim, consideramos o par de linhas retas XOX' e YOY', em ângulos retos, como os "eixos" a partir dos quais iniciamos todas as nossas medidas. Os comprimentos medidos ao longo de OX e OY são positivos, e os medidos ao longo de OX' e OY' são negativos. Suponha um par de números escritos em ordem (por exemplo, +3 e +1), de forma que exista um primeiro número (+3, no exemplo acima) e um segundo (+1, no exemplo acima) que representem as medidas de O ao longo de XOX', para o primeiro número, e ao longo de YOY', para o segundo número. Assim (*cf.* Fig. 9) para (+3, +1) um comprimento de 3 unidades deve ser medido ao longo de XOX' na direção positiva, ou seja, partindo de O em direção a X, e um comprimento +1 medido ao longo de YOY' na direção positiva, que é partindo de O em direção a Y. Da mesma forma, para (-3, -1), os dois comprimentos devem ser medidos ao longo de OX' e OY' respectivamente, e para (+3, -1) ao longo de OX e OY', respectivamente. Por ora, chamemos esse par de números de "par ordenado". Então, a partir dos dois números 1 e 3, oito pares ordenados podem ser gerados, a saber

$$(+1, +3), (-1, +3), (-1, -3), (+1, -3),$$
$$(+3, +1), (-3, +1), (-3, -1), (+3, -1).$$

Cada um desses oito "pares ordenados" dirige um processo de medição ao longo de XOX' e YOY' que é diferente daquele dirigido por qualquer um dos outros pares.

Os processos de medição representados pelos últimos quatro pares ordenados, mencionados acima, são apresentados pictoricamente na figura. Os comprimentos OM e ON juntos correspondem a (+3, +1), os comprimentos OM' e ON juntos correspondem a (-3, +1), OM' e ON' juntos a (-3, -1), e OM e ON' juntos correspondem a (+3, 1). Mas, ao completar os vários retângulos, é fácil ver que o ponto P determina e é determinado completamente pelo par ordenado (+3, +1), o ponto P' pelo par (-3, +1), o ponto P'' pelo par (-3, -1) e o ponto P''' por (+3, -1). De forma mais geral, na figura 8, o ponto P corresponde ao par ordenado (x, y), onde x e y na figura são ambos considerados positivos, o ponto P' corresponde a (x', y), onde x', na figura, é assumido como sendo negativo, P'' corresponde a (x', y'), e P''' a (x, y'). Assim, o par ordenado (x, y), onde x e y são quaisquer números positivos ou negativos, e o ponto correspondente a ele se determinam reciprocamente. É conveniente introduzir alguns nomes nesta conjuntura. No par ordenado (x, y), o primeiro número x é chamado de "abscissa" do ponto correspondente, e o segundo número y é chamado de "ordenada" do ponto, e os dois números juntos são chamados de "coordenadas" do ponto. A idéia de determinar a posição de um ponto por suas "coordenadas" não era de forma alguma nova quando a teoria dos "imaginários" estava sendo formada. Foi graças a Descartes, o grande matemático e filósofo francês, e ela aparece em seu *Discours* publicado em Leyden em 1637 d.C. A idéia do par ordenado como uma coisa por conta própria é posterior e é o resultado de esforços para interpretar os imaginários da forma mais abstrata possível.

Pode ser percebido, como mais uma ilustração dessa idéia de par ordenado, que o ponto M na fig. 9 é o par (+3, 0), o ponto N é o par (0, +1), o ponto M' o par (-3, 0), o ponto N' o par (0, -1) e o ponto O o par (0, 0).

Outra maneira de representar o par ordenado (x, y) é pensar nele como representando a linha pontilhada OP (*cf.* fig. 8), em vez do ponto P. Assim, o par ordenado representa uma linha desenhada a partir de uma "origem", O, de um certo comprimento e em uma certa direção. A linha OP pode ser chamada de linha vetorial de O a P, ou a etapa de O a P. Vemos, portanto, que neste capítulo apenas estendemos a interpretação que demos anteriormente dos números positivos e negativos. Esse método de representação por vetores é muito útil quando consideramos o significado a ser atribuído às operações de adição e multiplicação de pares ordenados.

Passaremos agora a essa questão, e perguntaremos que significado acharemos conveniente atribuir à adição dos dois pares ordenados (x, y) e (x', y') A interpretação deve, (a) fazer com que o resultado da adição seja outro par ordenado, (b) fazer com que a operação seja comutativa de modo que $(x, y) + (x', y') = (x', y') + (x, y)$, (c) tornar a operação associativa de modo que

$$\{(x, y) + (x', y')\} + (u, v) = (x, y) + \{(x' + y') + (u, v)\},$$

(d) tornar o resultado da subtração único, de modo que, quando procuramos determinar o par ordenado desconhecido (x, y) para satisfazer a equação

$$(x, y) + (a, b) = (c, d),$$

haja uma e apenas uma resposta que possamos representar por

$$(x, y) = (c, d) - (a, b).$$

Todos esses requisitos são preenchidos ao considerarmos $(x, y) + (x', y')$ como significando o par ordenado $(x + x', y + y')$. Assim, por definição, consideramos

$$(x, y) + (x', y') = (x + x', y + y').$$

Observe que aqui adotamos o hábito matemático de usar o mesmo símbolo + em sentidos diferentes. O + no lado esquerdo da equação tem o novo significado de + que acabamos de definir; enquanto os dois + no lado direito têm o significado da adição de números positivos e negativos (operações) que foi definido no último capítulo. Nenhuma confusão prática surge deste duplo uso.

Como exemplos de adições nós temos

(+3, +1) + (+2, +6) = (+5, +7),
(+3, -1) + (-2, -6) = (+1 -7),
(+8, +1) + (-8, -1) = (0, 0).

Para nós, o significado da subtração está agora definido. Descobrimos que
$$(x, y) - (u, v) = (x - u, y - v).$$
Assim,
$$(+3, +2) - (+1, +1) = (+2, +1),$$
e
$$(+1, -2) - (+2, -4) = (-1, +2),$$
e
$$(-1, -2) - (+2, +3) = (-3, -5).$$

É fácil perceber que
$$(x, y) - (u, v) = (x, y) + (-u, -v).$$
E também
$$(x, y) - (x, y) = (0, 0).$$

Portanto (0, 0) deve ser visto como o par de ordem zero. Por exemplo
$$(x, y) + (0, 0) = (x, y).$$

A representação pictórica da adição de pares ordenados é surpreendentemente fácil.

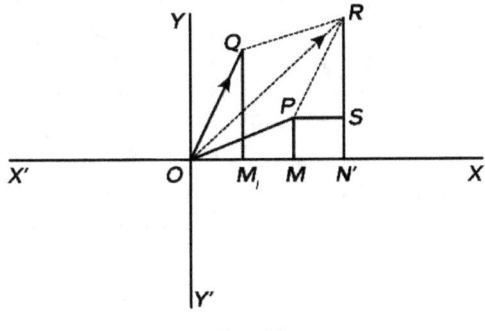

Fig. 10

Faça OP representar (x, y) de forma que $OM = x$ e $PM = y$; faça com que OQ represente (x_1, y_1) de modo que $OM_1 = x_1$ e $QM_1 = y_1$. Complete o paralelogramo $OPRQ$ usando as linhas pontilhadas PQ e QR, então a diagonal OR será o par ordenado $(x + x_1, y + y_1)$. Então, desenhe PS paralelo a OX; dessa forma evidenciamos que os triângulos OQM_1 e PRS são iguais, respectivamente. Então, $MM' = PS = x_1$, e $RS = QM_1$; e, portanto,

$$OM' = OM + MM' = x + x_1,$$
$$RM' = SM' + RS = y + y_1.$$

Assim, OR representa o par ordenado, conforme o que foi exigido. Essa figura também pode ser desenhada com OP e OQ em outros quadrantes.

É imediatamente óbvio que voltamos à lei do paralelogramo, que foi mencionada no Capítulo VI, sobre as leis do movimento, conforme aplicadas às velocidades e às forças. Deve-se lembrar que, se OP e OQ representam duas velocidades, diz-se que uma partícula está se movendo com uma velocidade igual às duas velocidades somadas se estiver se movendo com a velocidade OR. Em outras palavras, OR é a resultante das duas velocidades OP e OQ. Mais uma vez, as forças que atuam em um ponto de um corpo podem ser representadas por linhas da mesma forma que as velocidades; e a mesma lei do paralelogramo é válida, a saber, que a resultante das duas forças OP e OQ é a força representada pela diagonal OR. Segue-se, então, que podemos considerar um par ordenado como representante de uma velocidade ou de uma força, e a regra que acabamos de dar para a adição de pares ordenados representa as leis fundamentais da mecânica para a adição de forças e velocidades. Uma das características mais fascinantes da matemática é a maneira surpreendente como as idéias e os resultados de diferentes partes do assunto se encaixam. Durante as discussões deste capítulo e do capítulo anterior, fomos guiados apenas pelas mais abstratas das considerações matemáticas puras; e, no entanto, no final delas, fomos levados de volta à mais fundamental de todas as leis da natureza, leis que devem estar na mente de todo engenheiro ao projetar um motor, e de todo arquiteto naval ao calcular a estabilidade de um navio. Não é paradoxal dizer que, em nossos estados de espírito mais teóricos, podemos estar mais próximos de nossas aplicações mais práticas.

CAPÍTULO VIII
NÚMEROS IMAGINÁRIOS
(CONTINUAÇÃO)

A definição da multiplicação de pares ordenados é guiada exatamente pelas mesmas considerações que a de sua adição. A interpretação da multiplicação deve ser tal que

(α) o resultado seja outro par ordenado,
(β) a operação seja comutativa, de modo que

$$(x,y) \times (x',y') = (x',y') \times (x,y),$$

(γ) a operação seja associativa, de modo que

$$\{(x,y) \times (x',y')\} \times (u,v) = (x,y) \times \{(x',y') \times (u,v)\}$$

(δ) o resultado da divisão seja único [exceto para o caso do par ordenado (0, 0)], de maneira que, quando buscarmos determinar o par (x, y) para satisfazer a equação

$$(x,y) \times (a,b) = (c,d),$$

haja apenas uma e apenas uma resposta, que possamos representar por

BOOK TITLE

$$(x, y) = (c, d) \div (a, b) \text{ ou por } (x, y) = \frac{(c,d)}{(a,b)}.$$

(ε) além disso, a lei envolvendo adição e multiplicação, chamada de lei distributiva, deve ser satisfeita, a saber

$$(x, y) \times \{(a, b) + (c, d)\}$$
$$= \{(x, y) \times (a, b)\} + \{(x, y) \times (c, d)\}.$$

Todas estas condições (α), (β), (γ), (δ), (ε) podem ser satisfeitas por uma interpretação que, embora pareça complicada no início, é passível de uma interpretação geométrica simples.

Por definição, colocamos

$$(x, y) \times (x', y') = \{(xx' - yy'), (xy' + x'y)\} \quad (A)$$

Esta é a definição do significado do símbolo × quando ele é escrito entre dois pares ordenados. Desta definição decorre evidentemente que o resultado da multiplicação é outro par ordenado, e que o valor do lado direito da equação (A) não é alterado pela troca simultânea de x com x' e y com y'. Portanto, as condições (a) e (β) estão evidentemente satisfeitas. A prova da satisfação de (γ), (δ), (ε) é igualmente simples quando damos a interpretação geométrica, o que faremos daqui a pouco. Mas, antes de fazer isso, será interessante fazer uma pausa e ver se conseguimos alcançar o objetivo para o qual toda essa elaboração foi iniciada.

Encontramos equações da forma $x^2 = -3$, para as quais nenhuma solução poderia ser atribuída em termos de números reais positivos e negativos. Descobrimos então que todas as nossas dificuldades desapareceriam se pudéssemos interpretar a equação $x^2 = -1$, ou seja, se pudéssemos definir $\sqrt{(-1)}$ de modo que $\sqrt{(-1)} \times \sqrt{(-1)} = -1$.

Agora, vamos considerar os três pares ordenados especiais (0,0), (0, 1) e (1, 0).

Já provamos que

$$(x, y) + (0, 0) = (x, y).$$

Além disso, agora temos

$$(x, y) \times (0, 0) = (0, 0).$$

Portanto, tanto para adição quanto para multiplicação, o par (0,0) desempenha o papel do zero na aritmética elementar e na álgebra; compare as equações acima com $x + 0 = x$ e $x \times 0 = 0$.

Considere ainda (1, 0): ele desempenha o papel de 1 na aritmética e na álgebra elementar. Nestas ciências elementares, a característica especial de 1 é que $x \times 1 = x$, para todos os valores de x. Agora, pela nossa lei de multiplicação

$$(x, y) \times (1, 0) = \{(x - 0), (y + 0)\} = (x, y).$$

Assim, (1, 0) é o par da unidade.

Finalmente considere (0, 1): isto interpretará para nós o símbolo $\sqrt{(-1)}$. O símbolo deve, portanto, possui a propriedade característica de que $\sqrt{(-1)} \times \sqrt{(-1)} = -1$. Agora, pela lei da multiplicação para pares ordenados

$$(0, 1) \times (0, 1) = \{(0 - 1), (0 + 0)\} = (-1, 0).$$

Mas (1, 0) é o par da unidade, e (-1, 0) é o par negativo da unidade; assim (0, 1) tem a propriedade desejada. Existem, no entanto, duas raízes de -1 a serem fornecidas, a saber $\pm\sqrt{(-1)}$. Considere (0, -1); aqui novamente, relembrando que $(-1)^2 = 1$, encontramos $(0, -1) \times (0, -1) = (-1, 0)$.

Assim, (0, -1) é a outra raiz quadrada de $\sqrt{(-1)}$. Assim, os pares ordenados (0, 1) e (0, -1) são as interpretações de $\pm\sqrt{(-1)}$ em termos de pares ordenados. Mas qual corresponde a qual? (0,1) corresponde a $+\sqrt{(-1)}$ e (0, -1) a $-\sqrt{(-1)}$, ou (0, 1) corresponde a $-\sqrt{(-1)}$ e (0, -1) a $+\sqrt{(-1)}$? A resposta é que é perfeitamente indiferente qual simbolismo adotamos.

Os pares ordenados podem ser divididos em três tipos (*i*) os "imaginários complexos", do tipo (x, y), no qual nem *x* nem *y* é zero; (*ii*) o "real", tipo $(x, 0)$; (*iii*) o "imaginário puro", do tipo $(0, y)$. Vamos considerar as relações desses tipos entre si. Primeiro, multiplicando o par "imaginário complexo" (x, y) e o par "real" $(a, 0)$, encontramos

$$(a, 0) \times (x, y) = (ax, ay).$$

Assim, o efeito é meramente multiplicar cada termo do par (x, y) pelo número real positivo ou negativo a.

Em segundo lugar, multiplicando o par "imaginário complexo" (x, y) e o par "imaginário puro" $(0, b)$,, encontramos

$$(0, b) \times (x, y) = (-by, bx).$$

Aqui o efeito é mais complicado e é melhor compreendido na interpretação geométrica à qual procederemos depois de observar três casos ainda mais especiais.

Em terceiro lugar, multiplicando o par "real" $(a, 0)$ pelo imaginário $(0, b)$, obtemos

$$(a, 0) \times (0, b) = (0, ab).$$

Em quarto lugar, multiplicando os dois pares "reais" $(a, 0)$ e $(a', 0)$, obtemos

$$(a, 0) \times (a', 0) = (aa', 0).$$

Em quinto lugar, multiplicamos os dois "pares imaginários" $(0, b)$ e $(0, b')$, obtemos

$$(0, b) \times (0, b') = (-bb', 0).$$

Passamos agora à interpretação geométrica, começando primeiro com alguns casos especiais. Tome os pares ordenados $(1, 3)$ e $(2, 0)$

e considere a equação

$$(2,0) \times (1,3) = (2,6)$$

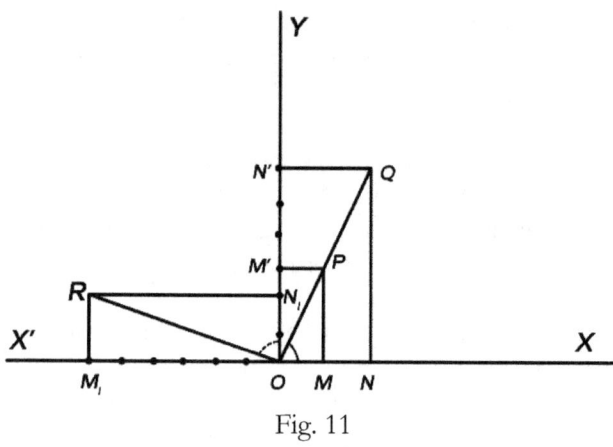

Fig. 11

No diagrama (fig. 11), o vetor OP representa (1, 3), o vetor ON representa (2, 0) e o vetor OQ representa (2, 6). Assim, o produto $(2,0) \times (1,3)$ é encontrado geometricamente ao considerar o comprimento do vetor OQ como sendo o produto do comprimento dos vetores OP e ON, e (neste caso) fazendo com que OP até Q seja o comprimento necessário. Novamente, considerando $(0,2) \times (1,3)$, nós temos

$$(0,2) \times (1,3) = (-6,2).$$

O vetor ON, corresponde a (0, 2) e o vetor OR corresponde a (-6, 2). Assim, OR, que é o vetor que representa o novo produto, está em ângulo reto com o OQ e eles têm o mesmo comprimento. Note que aqui temos a mesma lei que, como no caso anterior, regula o comprimento de OQ, ou seja, que seu comprimento é o produto do comprimento dos dois vetores que são multiplicados entre si; mas agora que temos ON_1 ao longo do eixo da "ordenada", em OY, ao invés de ON ao longo do eixo "abscissa", em OX, a direção de OP foi girada através de um ângulo reto.

Até agora, nestes exemplos de multiplicação, temos visto o vetor

OP como sendo o vetor que é modificado pelos vetores ON e ON_1. Encontraremos uma pista da lei geral para a direção do vetor invertendo essa maneira de pensar, e pensando nos vetores ON e ON_1 como sendo os vetores que são modificados pelo vetor OP. A lei para o comprimento permanece inalterada; o comprimento resultante é o comprimento do produto dos dois vetores. A nova direção para o ON ampliado (ou seja, OQ) é encontrada girando-o no sentido (anti-horário) de rotação de OX para OY através de um ângulo igual ao ângulo XOP: é acidental, neste caso particular, que essa rotação faça OQ estar ao longo da linha OP. Considere novamente o produto de ON_1 e OP; a nova direção para o ON_1 ampliado (ou seja, OR) é encontrada girando-se ON no sentido anti-horário de rotação através de um ângulo igual ao ângulo XOP, ou seja, o ângulo N_1OR é igual ao ângulo XOP.

A regra geral para a representação geométrica da multiplicação pode agora ser enunciada assim:

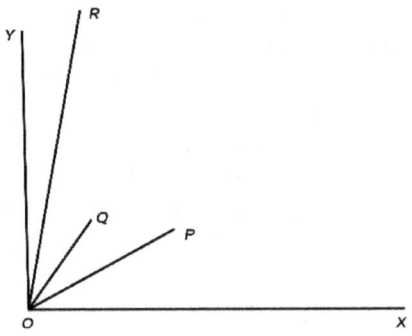

Fig. 12

O produto dos dois vetores OP e OQ é um vetor OR, cujo comprimento é o produto dos comprimentos de OP e OQ e cuja direção OR é tal que o ângulo XOR é igual à soma dos ângulos XOP e XOQ. Portanto, podemos conceber o vetor OP fazendo com que o vetor OQ gire através de um ângulo XOP (ou seja, o ângulo QOR

= o ângulo XOP), ou como o vetor OQ fazendo com que o vetor OP gire através do ângulo XOQ (isto é, o ângulo POR = o ângulo XOQ).

Não provamos esta lei geral, pois, se o fizéssemos, seríamos levados a processos matemáticos mais técnicos do que os que se enquadram no desenvolvimento deste livro. Mas agora podemos ver imediatamente que a lei associativa [numerada (γ) acima] para a multiplicação foi satisfeita. Considere primeiro o comprimento do vetor resultante; isso é obtido pelo processo ordinário de multiplicação de números reais; e assim a lei associativa vale para ele.

Novamente: a direção do vetor resultante é obtida pela mera adição de ângulos, e a lei associativa também vale para esse processo.

Isso basta para a multiplicação. Indicamos de maneira rápida, ao considerar a adição e multiplicação, como uma álgebra ou "cálculo" de vetores em um plano pode ser construída, sendo de forma tal que dois vetores quaisquer podem ser somados, subtraídos, multiplicados ou divididos um pelo outro.

Não consideramos os detalhes técnicos de todo esse processo porque isso nos levaria longe demais nos detalhes matemáticos; mas mostramos o modo geral de procedimento. Quando interpretamos nossos símbolos algébricos dessa maneira, diz-se que estamos empregando "quantidades imaginárias" ou "quantidades complexas". Esses termos são meros detalhes, e temos muito no que pensar até aqui, o bastante para parar e indagar se eles foram ou não escolhidos de uma maneira feliz.

O resultado concreto de nossas investigações é que quaisquer equações do tipo $x + 3 = 2$ ou $(x + 3)^2 = -2$ podem agora ser interpretadas em termos de vetores, e dos resultados que achamos para eles. Na busca por tal interpretação, é bom perceber que 3 se torna (3, 0), que -2 se torna em (-2, 0) e que x se torna no "par indeterminado" (u, v): de forma que essas duas equações se tornam respectivamente em $(u, v) + (3, 0) = (2, 0)$, e $\{(u, v) + (3, 0)\}^2 = (-2, 0)$.

Resolvemos completamente as dificuldades que nos chamaram a

atenção no momento em que consideramos os elementos da álgebra. A ciência tal como emerge da solução é muito mais complexa nas idéias do que aquela com a qual começamos. De fato, criamos uma ciência nova e totalmente diferente, que servirá a todos os propósitos para os quais a velha ciência foi inventada, e para muitos mais além deles. Mas, antes que possamos nos congratular com esse resultado de nosso trabalho, devemos dissipar uma dúvida que nesse momento deve ter surgido na mente do aluno. A pergunta que o leitor deveria estar fazendo a si mesmo é: onde vai terminar toda essa busca por novas interpretações? É verdade que conseguimos interpretar a álgebra de modo a sempre sermos capazes de resolver uma equação quadrática como $x^2 - 2x + 4 = 0$; mas há um número infindável de outras equações, por exemplo, $x^3 - 2x + 4 = 0$, $x^4 + x^3 + 2 = 0$ e assim por diante, infinitamente. Precisamos criar uma nova ciência sempre que uma nova equação surgir?

Ora, se fosse esse o caso, todas as nossas investigações anteriores, embora para algumas mentes elas possam parecer divertidas, na verdade seriam de importância muito insignificante. Mas o grande fato, o que tornou possível a análise moderna, é que, com a ajuda desse cálculo de vetores, toda fórmula que surge pode receber sua interpretação adequada; e a quantidade "desconhecida" em cada equação pode ser mostrada para indicar algum vetor. Assim, a ciência agora está completa em si mesma, no que diz respeito às suas idéias fundamentais. Ela estava recebendo sua forma final aproximadamente na mesma época em que a máquina a vapor estava sendo aperfeiçoada, e permanecerá sendo uma grande e poderosa arma para a realização da vitória do pensamento sobre as coisas quando espécimes curiosos daquela máquina descansarem em museus na companhia dos capacetes e couraças de uma época ligeiramente anterior.

CAPÍTULO IX
GEOMETRIA ANALÍTICA

Os métodos e idéias das coordenadas geométricas já foram empregados nos capítulos anteriores. Agora é hora de considerá-los mais de perto para seu próprio bem; e, ao fazer isso, fortaleceremos nosso apego a outras idéias que alcançamos. Nos capítulos presentes e seguintes, voltaremos à idéia dos números reais positivos e negativos e ignoraremos os imaginários que foram introduzidos nos dois últimos capítulos.

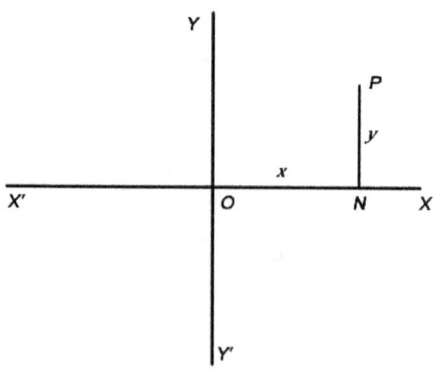

Fig. 13

Estivemos utilizado sempre a idéia de que, tomando dois eixos, XOX' e YOY', em um plano, qualquer ponto P naquele plano pode ter sua posição determinada por meio de um par de números positivos ou negativos x e y, onde (*cf.* Fig. 13) x é o comprimento OM e y é o comprimento PM. Essa concepção, por simples que pareça, é a idéia principal do grande tema da geometria analítica. Sua descoberta marca uma época memorável na história do pensamento matemático. Ela se deve (como já foi dito) ao filósofo Descartes, e lhe ocorreu como um importante método matemático numa manhã em que ele estava deitado na cama. Os filósofos, os que possuíram profundo conhecimento de matemática, têm estado entre aqueles que enriqueceram a ciência com algumas de suas melhores idéias. Por outro lado, deve ser dito que, com poucas exceções, todas as observações sobre matemática feitas por aqueles filósofos que possuíram apenas um conhecimento leve, apressado ou adquirido tardiamente são totalmente inúteis, sendo sempre banais ou equivocadas. Esse é um fato curioso; uma vez que as idéias finais da matemática parecem, no fim das contas, ser muito simples, quase infantis, e estar bem dentro da província do pensamento filosófico. Provavelmente, sua própria simplicidade é a causa do erro; não estamos acostumados a pensar em coisas tão simples e abstratas, e é necessário um longo treinamento para garantir até mesmo uma imunidade parcial ao erro, assim que nos afastamos da trilha já superada do pensamento.

A descoberta da geometria de coordenadas, e também da geometria projetiva, mais ou menos na mesma época, ilustra outro fato que se verifica continuamente na história do conhecimento, a saber, que algumas das maiores descobertas devem ser feitas dentre os tópicos mais bem conhecidos. Quando o século XVII chegou, a geometria já havia sido estudada há mais de dois mil anos, mesmo se datarmos sua origem entre os gregos. Euclides, professor na Universidade de Alexandria, nasceu por volta de 330 a.C.; e só sistematizou e ampliou o trabalho de uma longa série de predecessores, alguns deles homens de gênio. Depois dele, geração após geração de matemáticos se dedicaram ao aprimoramento do assunto. O assunto não sofreu graças àquela barreira fatal para o progresso, a saber, que seu estudo foi confinado a um grupo restrito de homens de origem e perspectiva semelhantes, muito pelo contrário; no século XVII, já havia passado pelas mentes de egípcios e gregos, de árabes e alemães. E, no entanto, depois de todo esse trabalho dedicado a ele por tantas eras por mentes tão diversas, seus segredos mais importantes ainda estavam para ser descobertos. Ninguém pode ter estudado sequer os elementos da geometria elementar sem sentir a falta de algum método de orientação. Cada proposição deve ser provada por uma nova demonstração de engenhosidade; e uma ciência para a qual isso é verdade carece do grande requisito do pensamento científico, a saber, método. Agora, o ponto especial da geometria de coordenadas é que, pela primeira vez, ela introduziu o método. As deduções remotas de uma ciência matemática não são de importância teórica primária. A ciência não pode ser considerada como aperfeiçoada até que ela consista, em essência, na exposição de grandes métodos aliados através dos quais as informações, sobre qualquer tópico desejado que se enquadre em seu escopo, possam ser facilmente obtidas. O crescimento de uma ciência não é principalmente em massa, mas em idéias; e quanto mais as idéias crescem, menos são as deduções que vale a pena anotar. Infelizmente, a matemática é constantemente sobrecarregada pela repetição de inúmeras proposições subsidiárias em livros didáticos, cuja importância se perdeu graças à sua absorção no contexto de casos particulares das verdades mais gerais — e, como já insistimos, a generalidade é a alma da matemática.

As coordenadas geométricas ilustram outra característica da matemática que já foi apontada, a saber, que as ciências matemáticas, à medida que se desenvolvem, se encaixam umas nas outras e compartilham as mesmas idéias em comum. Não é demais dizer que os vários ramos da matemática passam por um processo perpétuo de generalização e que, à medida que se generalizam, eles se aglutinam. Novamente aqui a razão surge da natureza mesma da ciência, de sua generalidade, isto é, do fato de que a ciência lida com as verdades gerais que se aplicam a todas as coisas em virtude de sua própria existência como coisas. Nesse sentido, o interesse na geometria analítica reside no fato de que ela relaciona a geometria, que começou como a ciência do espaço, e a álgebra, que tem sua origem na ciência dos números.

Recordemos agora as principais idéias das duas ciências, e vejamos como elas estão relacionadas pelo método de coordenadas de Descartes. Tomemos a álgebra em primeiro lugar. Não nos preocuparemos com os imaginários e pensaremos apenas nos números reais com sinais positivos ou negativos. A idéia fundamental é a de qualquer número, o número variável, que é denotado por uma letra e não por qualquer numeral definido. Procederemos, então, no considerar das correlações entre variáveis. Por exemplo, se x e y são duas variáveis, podemos concebê-las como relacionadas pelas equações $x + y = 1$, $x - y = 1$, ou por qualquer das infinitas outras equações possíveis. Isso imediatamente leva à aplicação da idéia de forma algébrica. Pensamos, de fato, em qualquer correlação de algum tipo interessante, subindo assim da concepção inicial de números variáveis para a concepção secundária de correlações variáveis de números. Assim, generalizamos a correlação $x + y = 1$ na correlação $ax + by = c$. Aqui a, b e c, sendo letras, significam quaisquer números e são de fato elas mesmas variáveis. Mas essas são as variáveis que determinam a correlação das variáveis; e a correlação, quando determinada, correlaciona os números das variáveis x e y. As variáveis, como a, b, e c acima, que são usadas para determinar a correlação são chamadas "constantes", ou parâmetros. O uso do termo "constante" nesta relação com o que é realmente uma variável pode parecer estranho à primeira vista; mas é algo muito natural. Pois a investigação matemática estará relacionada com essa relação entre as variáveis x e y, depois que a, b e c forem determinadas. Assim, em certo sentido, relativamente a x e y, as "constantes" a, b e c são constantes. Assim $ax + by = c$ representa o exemplo geral de uma determinada forma algébrica, ou seja, de uma correlação variável pertencente a uma determinada classe.

Novamente generalizamos a equação $x^2 + y^2 = 1$ em $ax^2 + by^2 = c$, ou, mais além, em $ax^2 + 2hxy + by^2 = c$, ou, ainda mais além, em $ax^2 + hxy + by^2 2gx + 2fy = c$.

Mais uma vez, somos levados a correlações variáveis que são indicadas por suas diversas formas algébricas.

Agora, vamos voltar para a geometria. O nome da ciência imediatamente nos lembra o pensamento de figuras e diagramas exibindo triângulos e retângulos, quadrados e círculos, todos em relações especiais uns com os outros. O estudo das propriedades simples dessas figuras é o assunto da geometria elementar, como é corretamente apresentada ao iniciante. No entanto, um momento de reflexão mostrará que essa não é a verdadeira concepção do assunto. Pode ser certo para uma criança começar seu raciocínio geométrico em formas, como triângulos e quadrados, que ela cortou com uma tesoura. O que, entretanto, é um triângulo? É uma figura marcada e delimitada por três pedaços de três linhas retas.

A delimitação de espaços por meio de pedaços de linhas é uma idéia muito complicada, e não é de todo uma idéia que nos dê qualquer esperança de exibir as simples concepções gerais que deveriam formar as bases de tal assunto. Queremos algo mais simples e geral. É esta obsessão pelas idéias iniciais erradas — idéias muito naturais e boas para a criação de primeiras reflexões sobre o assunto — que foi a causa da esterilidade comparativa do estudo da ciência durante tantos séculos. A geometria analítica, e Descartes, seu inventor, deve ter o crédito de revelar os verdadeiros objetos simples para o pensamento geométrico.

No lugar de um pedaço de linha reta, pensemos no todo de uma linha reta em seu comprimento interminável em ambas as direções. Esse é o tipo de idéia geral a partir da qual devemos iniciar nossas investigações geométricas. Os gregos parecem nunca ter encontrado qualquer uso para esta concepção que agora é fundamental em todo o pensamento geométrico moderno. Euclides sempre contempla uma linha reta traçada entre dois pontos definidos, e ele é muito cuidadoso quando menciona que ela deve ser produzida além desse segmento. Ele nunca pensa na linha como uma entidade dada de uma vez por todas como um todo. Essa definição e limitação cuidadosa, de modo a excluir um infinito que não é imediatamente aparente aos sentidos, era muito característica dos gregos em todas as suas muitas atividades. Está consagrada na diferença entre a arquitetura grega e a gótica, e entre a religião grega e a religião moderna. O pináculo de uma catedral gótica e a importância da linha reta ilimitada na geometria moderna são símbolos da transformação do mundo moderno.

A linha reta, considerada como um todo, é, portanto, a idéia-raiz da qual parte a geometria moderna. Mas então outros tipos de linhas nos ocorrem, e chegamos à concepção da curva completa que em cada ponto de si mesma exibe alguma característica uniforme, assim como a linha reta exibe em todos os pontos a característica de linearidade. Por exemplo, existe o círculo que em todos os pontos exibe a característica de estar a uma determinada distância de seu centro, e existe a elipse, que é uma curva oval, tal que a soma das duas distâncias de qualquer ponto sobre ela até dois pontos fixos, chamados de seus *focos*, é constante para todos os pontos da curva. É evidente que um círculo é apenas um caso particular de elipse quando os dois focos estão sobrepostos no mesmo ponto; pois então a soma das duas distâncias é meramente duas vezes o raio do círculo. Os antigos conheciam as propriedades da elipse e do círculo e, é claro, consideravam-nas como todos. Por exemplo, Euclides nunca começa com meros segmentos (ou seja, pedaços) de círculos, que são então prolongados. Ele sempre considera todo o círculo conforme descrito. É lamentável que o círculo não seja a verdadeira linha fundamental na geometria, de modo que sua consideração imperfeita da linha reta poderia ter sido de menor importância.

Essa idéia geral de uma curva que em qualquer ponto exibe alguma propriedade uniforme é expressa em geometria pelo termo "locus"[7]. Um lugar geométrico é a curva (ou superfície, se não nos limitarmos a um plano) formada por pontos, todos os quais possuem alguma propriedade dada. Para cada propriedade relacionada aos pontos que podemos ter, haverá algum locus correspondente, que consiste em todos os pontos que possuem essa propriedade. Ao investigar as propriedades de um locus considerado como um todo, consideramos *qualquer* ponto ou pontos no locus. Assim, na geometria, encontramos novamente a idéia fundamental da variável. Além disso, ao classificar os loci[8] sob títulos como linhas retas, círculos, elipses etc., encontramos novamente a idéia de forma.

Assim, como em álgebra, estamos preocupados com números variáveis, correlações entre números variáveis e a classificação das correlações em tipos pela idéia de forma algébrica; assim, em geometria, estamos preocupados com pontos variáveis, pontos variáveis que satisfazem alguma condição como forma para um lugar

---

[7] Locus, do latim, lugar.
[8] Loci: plural de locus

geométrico, e a classificação dos *loci* em tipos, através da idéia de condições da mesma forma.

Agora, a essência da geometria analítica é a identificação da correlação algébrica com o lugar geométrico. O ponto em um plano é representado na álgebra por suas duas coordenadas, x e y, e a condição satisfeita por qualquer ponto no lugar geométrico é representada pela correlação correspondente entre x e y. Finalmente, às correlações expressáveis em alguma forma algébrica geral, como $ax + by = c$, correspondem a loci de algum tipo geral, cujas condições geométricas são todas da mesma forma. Assim, chegamos a uma posição em que podemos efetuar um intercâmbio completo de idéias e resultados entre as duas ciências. Cada ciência lança luz sobre a outra, e essa mesma ciência ganha incomensuravelmente em poder. É impossível não se sentir emocionado ao pensar nas emoções dos homens em certos momentos históricos de aventura e descoberta. Colombo quando viu pela primeira vez a costa ocidental, Pizarro quando olhou para o Oceano Pacífico, Franklin quando a faísca elétrica veio do fio de sua pipa, Galileu quando apontou seu telescópio para o céu pela primeira vez. Tais momentos também são concedidos aos estudantes nas regiões abstratas do pensamento, e no alto, entre estes, deve ser posta a manhã em que Descartes se deitou na cama e inventou o método da geometria analítica.

Quando uma vez se entendeu a idéia de coordenada geométrica, a questão imediata que começa a surgir na mente é: Que tipo de loci corresponde às formas algébricas bem conhecidas? Por exemplo, o mais simples entre os tipos gerais de formas algébricas é $ax + by = c$. O tipo de lugar geométrico que corresponde a isso é uma linha reta e, inversamente, a toda linha reta corresponde uma equação dessa forma. É uma sorte que o mais simples entre os lugares geométricos deva corresponder às mais simples entre as formas algébricas. De fato, é esta correspondência geral de simplicidade geométrica e algébrica que confere a todo o assunto o seu poder. Ela decorre do fato de que a conexão entre geometria e álgebra não é casual e artificial, mas profunda e essencial. A equação que corresponde a um locus é chamada a equação "de" (ou "para") o locus. Alguns exemplos de equações de linhas retas ilustrarão o assunto.

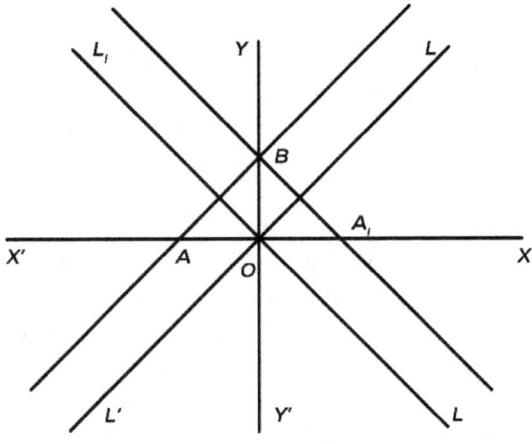

Fig 14

Considere $y - x = 0$; aqui, o a, b e c da forma geral foram substituídos por 1, -1 e 0, respectivamente. Essa linha passa pela "origem", O, no diagrama e bissecta o ângulo XOY. Ela é a linha $L'OL$ do diagrama. O fato dela passar através da origem, O, é facilmente percebido ao observarmos que a equação se satisfaz ao colocarmos $x = 0$ e $y = 0$, simultaneamente, contudo 0 e 0 são as coordenadas de O. Na verdade, é fácil generalizar e ver pelo mesmo método que a equação de qualquer linha que passe através da origem tem a forma $ax + by = 0$. O locus da equação $y + x = 0$ também passa pela origem e corta o ângulo $X'OY$ ao meio: é a linha $L_1 OL'_1$ do diagrama.

Considere $y - x = 1$: o locus correspondente não passa pela origem. Buscamos então onde a linha corta os eixos. Ela deve cortar o eixo x em algum ponto da coordenada x e 0. Mas, ao inserir $y = 0$ na equação, obtemos $x = -1$; dessa forma, as coordenadas desse ponto (A) são $(-1, 0)$. Similarmente, as coordenadas do ponto (B) onde a linha corta o eixo OY são $(0, 1)$. Esse lugar geométrico é a linha AB na figura e ela é paralela a LOL'. De maneira similar, $y + x = 1$ é a equação da linha $A_1 B$ na figura, e esse locus é paralelo a $L_1 OL'_1$. É fácil provar o teorema geral de que duas linhas representadas pelas equações na forma $ax + by = 0$ e $ax + by = c$ são paralelas.

O grupo de loci que encontraremos a seguir é suficientemente importante para merecer um capítulo para si mesmo. Mas, antes de prosseguirmos com eles, nos deteremos um pouco mais nas idéias principais do assunto.

A posição de qualquer ponto P é determinada escolhendo arbitrariamente uma origem, O, dois eixos, OX e OY, em ângulo reto, e depois anotando suas coordenadas x e y, ou seja, OM e PM (*cf.* Fig. 13). Também, como vimos no último capítulo, P pode ser determinado pelo "vetor" OP, onde a idéia de vetor inclui uma direção determinada, bem como um comprimento determinado. De um ponto de vista matemático abstrato, a idéia de uma origem arbitrária pode parecer artificial e desajeitada, e da mesma forma para com os eixos arbitrariamente desenhados, OX e OY. Mas, em relação à aplicação da matemática ao evento do Universo, estamos aqui simbolizando com simplicidade direta o fato mais fundamental, respeitando a perspectiva do mundo proporcionada para nós pelos nossos sentidos. Cada um de nós refere nossas percepções sensíveis das coisas a uma origem que chamamos de "aqui": nossa localização em uma parte particular do espaço em torno da qual agrupamos todo o Universo é o fato essencial de nossa existência corporal. Podemos imaginar seres que observam todos os fenômenos em todo o espaço com um olhar igual, sem preconceitos, em favor de qualquer parte. Conosco é diferente, um gato aos nossos pés chama mais atenção do que um terremoto no Cabo Horn, ou que a destruição de um mundo na Via Láctea. É verdade que ao fazer um acúmulo comum de nosso conhecimento com nossos semelhantes, temos que renunciar a algo do egoísmo estrito de nosso próprio indivíduo no "aqui". Substituímos o que é "perto daqui" por "aqui"; é dessa forma que medimos os quilômetros da prefeitura da cidade mais próxima ou da capital do país. Ao medir a terra, os homens da ciência colocarão a origem no centro da terra; os astrônomos chegam ao extremo altruísmo de colocar sua origem dentro do sol. Mas, até onde esta última origem possa estar, e mesmo se formos mais longe até algum ponto conveniente em meio às estrelas fixas mais próximas, ainda assim, em comparação com as infinidades imensuráveis do espaço, continua sendo verdade que nosso primeiro procedimento ao explorar o Universo é fixar-nos em uma origem "perto daqui".

A relação das coordenadas OM e MP (ou seja, x e y) com o vetor OP é um exemplo da famosa lei do paralelogramo, como pode ser facilmente visto (*cf.* Fig. 8) completando o paralelogramo $OMPN$. A idéia de uma OP "vetorial", ou seja, de uma magnitude dirigida, é a idéia fundamental da ciência física. Qualquer corpo em movimento tem uma certa magnitude de velocidade em uma determinada direção, ou seja, sua velocidade é uma magnitude dirigida, um vetor. Uma força tem uma certa magnitude e tem uma direção definida. Assim, quando na geometria analítica são introduzidas as idéias de "origem", de "coordenadas" e de "vetores", estamos estudando as concepções abstratas que correspondem aos fatos fundamentais do mundo físico.

CAPÍTULO X
SECÇÕES CÔNICAS

Quando os geômetras gregos haviam exaurido, como pensavam, as propriedades mais óbvias e interessantes das figuras feitas de linhas retas e círculos, eles se voltaram para o estudo de outras curvas; e, com seu instinto quase infalível de enfrentar as coisas que valem a pena serem pensadas, eles se dedicaram principalmente às secções cônicas, isto é, às curvas nas quais os planos cortam as superfícies dos cones circulares. O homem que deve ter o crédito de inventar esse estudo é Menaechmus (nascido em 375 a.C. e falecido em 325 a.C.); ele foi aluno de Platão e um dos tutores de Alexandre, o Grande. Alexandre, a propósito, é um exemplo claro das vantagens de um bom ensino, pois outro de seus tutores foi o filósofo Aristóteles. Podemos suspeitar que Alexandre achou Menaechmus um professor bastante maçante, pois existe relato de que ele pediu que as provas apresentadas por Menaechmus fossem encurtadas. Foi a este pedido que Menaechmus respondeu: "No país, existem estradas privadas e estradas reais. Mas, em geometria, há apenas uma estrada para todos". Essa resposta sem dúvida era verdadeira o bastante, no sentido de que teria sido imediatamente compreendida por Alexandre. Mas, se Menaechmus pensava que suas provas não poderiam ser encurtadas, ele estava gravemente enganado; e a maioria dos matemáticos modernos ficaria terrivelmente entediada se fosse obrigada a estudar as provas gregas das propriedades das secções cônicas. Nada ilustra melhor o ganho de poder que é obtido pela introdução de idéias relevantes em uma ciência do que observar o encurtamento progressivo das provas que acompanha o crescimento da riqueza de idéias. Há um certo tipo de matemático que fica sempre bastante impaciente em adiar as idéias de um assunto: ele está ansioso para imediatamente ir às provas de problemas "importantes". A história da ciência é inteiramente contra ele. Existem estradas reais na ciência; mas aqueles que as pisam primeiro são os homens de genialidade e não os reis.

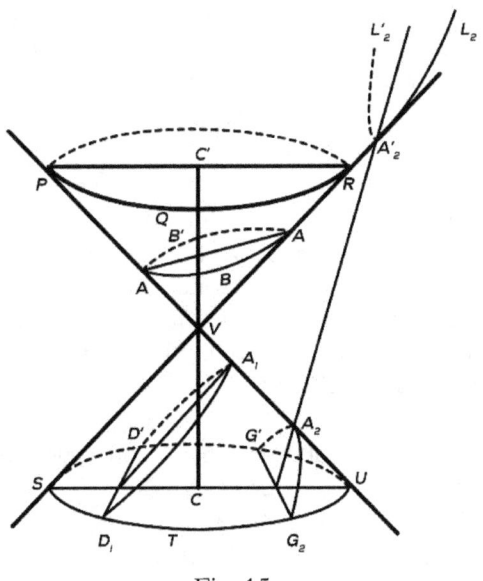

Fig. 15

A maneira como as seções cônicas se apresentaram aos matemáticos pela primeira vez foi a seguinte: pense em um cone (cf. Fig. 15), cujo vértice (ou ponto) é V, apoiado em uma base circular STU. A forma cônica gerada por uma luz elétrica é muitas vezes um exemplo de tal superfície. Agora, imagine que as linhas "geradoras" que passam por V e se situam na superfície sejam todas produzidas ao contrário; o resultado é um cone duplo e PQR é outra seção transversal circular no lado oposto de V à seção transversal STU. O eixo do cone, CVC', passa pelo centro desses círculos e é perpendicular a seus planos, que são paralelos entre si. No diagrama, as partes das curvas que supostamente ficam atrás do plano do papel são linhas pontilhadas, e as partes no plano ou em frente a ele são linhas contínuas. Agora suponha que esse cone duplo seja cortado por um plano não perpendicular ao eixo CVC', ou pelo menos não necessariamente perpendicular a ele. Então, podem surgir três casos:

(1) O plano pode cortar o cone em uma curva oval fechada, como $ABA'B'$, que está inteiramente dentro de um dos dois cones. Neste caso, o plano não encontrará o outro cone de forma alguma. Tal curva é chamada de elipse; ela é uma curva oval. Um caso particular de tal secção do cone é quando o plano é perpendicular ao eixo CVC', então a secção, como STU ou PQR, é um círculo. Portanto, um círculo é um caso particular da elipse.

(2) O plano pode ser paralelo a um plano tangente tocando o cone ao longo de uma de suas linhas "geradoras", como, por exemplo, o plano da curva $D_1A_1D_1'$ no diagrama é paralelo ao plano tangente tocando o cone ao longo da linha geradora VS; a curva ainda está confinada a um dos cones, mas agora não é uma curva oval fechada, ela continua indefinidamente enquanto as linhas geradoras do cone são produzidas longe do vértice. Essa seção cônica é chamada de parábola.

(3) O plano pode cortar ambos os cones, de modo que a curva completa consiste em duas porções destacadas, ou "ramos" como são chamados, este caso é ilustrado pelos dois ramos $G_2A_2G_2'$ e $L_2A_2'L_2'$ que juntos formam a curva. Nenhuma das duas ramificações é fechada, cada uma delas se estendendo infinitamente à medida que os dois cones são prolongados para longe do vértice. Tal secção cônica é chamada de hipérbole.

Existem, portanto, três tipos de secções cônicas, a saber, elipses, parábolas e hipérboles. É fácil ver que, em certo sentido, as parábolas são casos-limite situados entre elipses e hipérboles. Elas formam um tipo mais especial e devem satisfazer uma condição mais particular. Esses três nomes aparentemente se devem a Apolônio de Perga (nascido por volta de 260 a.C. e falecido por volta de 200 a.C.), quem escreveu um tratado sistemático sobre seções cônicas que permaneceu como a obra padrão até o século XVI.

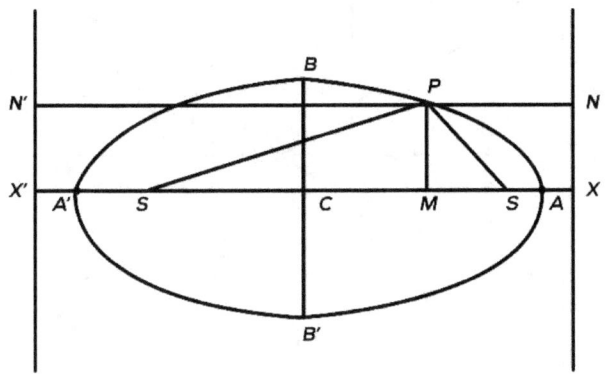

Fig. 16

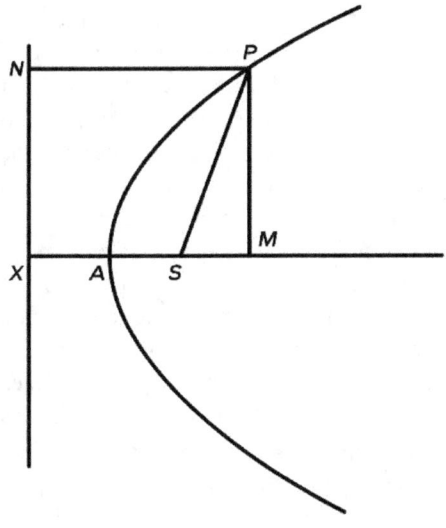

Fig. 17

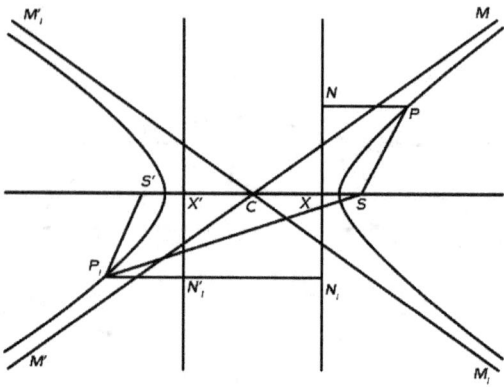

Fig. 18

Deve ficar imediatamente claro o quão estranha e difícil deve ter sido para os geômetras gregos a investigação das propriedades dessas curvas. As curvas são curvas planas, mas sua investigação envolve o desenho em perspectiva de uma figura sólida. Assim, no diagrama dado acima, praticamente não desenhamos linhas subsidiárias e, ainda assim, a figura é suficientemente complicada. As curvas são curvas planas e parece óbvio que deveríamos ser capazes de defini-las sem ir além do plano, até uma figura sólida. Ao mesmo tempo, assim como na definição do "sólido" há um método uniforme de definição — a saber, a secção de um cone por um plano — que resulta em três casos, então, em qualquer definição de "plano" também deve haver um método uniforme de procedimento que se divide em três casos. Suas formas quando desenhadas em seus planos são aquelas das linhas curvas nas três figuras 16, 17 e 18. Os pontos A e A' nas figuras são chamados de vértices e a linha AA' é chamada de eixo maior. Deve-se notar que uma parábola (*cf.* Fig. 17) possui apenas um vértice. Apolônio provou que a proporção entre PM e $AM.MA'$, isto é, $\left(\frac{PM^2}{AM.MA}\right)$, permanece constante tanto para a elipse quanto para a hipérbole (figs. 16 e 18), e que a razão entre PM^2 e AM é constante para a parábola da fig. 17; e ele baseia a maior parte de seu trabalho neste fato. Evidentemente, estamos avançando em direção à desejada definição uniforme, que não sai do plano; mas ainda não atingimos totalmente a uniformidade.

Nos diagramas 16 e 18, dois pontos, S e S', serão vistos marcados, e no diagrama 17 um ponto, S. Esses são os focos das curvas, e são os pontos de maior importância. Apolônio sabia que, para uma elipse, a soma de SP e $S'P$ (ou seja, $SP + S'P$) é constante conforme P se move na curva e é igual a AA'. Da mesma forma, para uma hipérbole, a diferença $SP' - S'P'$ é constante e igual a AA' quando P está em um ramo, e a diferença $S'P - SP$ é constante e igual a AA' quando P' está no outro ramo. Mas nenhum ponto correspondente parecia existir para a parábola.

Finalmente, 500 anos depois, o último grande geômetra grego, Pappus de Alexandria, descobriu o segredo final que completou essa linha de pensamento. Nos diagramas 16 e 18 serão vistas duas linhas, XN e $X'N'$, e no diagrama 17 a única linha, XN. Estas são as directrizes das curvas, duas para cada uma das elipses e da hipérbole, e uma para a parábola. Cada diretriz corresponde ao seu foco mais próximo. A propriedade característica de um foco, S, e sua diretriz correspondente, XN, para qualquer um dos três tipos de curva, é que a razão entre SP e PN, isto é, $\frac{SP}{PN}$, é constante, onde PN é a perpendicular na diretriz de P, e P é qualquer ponto da curva. Aqui finalmente encontramos a propriedade desejada das curvas que não exige que saiamos do plano, e é declarada uniformemente para todas as três curvas. Para elipses, a razão[9] $\frac{SP}{PN}$ é menor que 1, para parábolas é igual a 1, e para hipérboles ela é maior que 1.

---

[9] Essa proporção fundamental, SP/PN, é chamada de excentricidade da curva. A forma da curva, diferente de sua escala ou tamanho, depende do valor de sua excentricidade. Portanto, é errado pensar nas elipses em geral ou nas hipérboles em geral como tendo, em ambos os casos, uma forma definida. As elipses com diferentes excentricidades têm formas diferentes e seus tamanhos dependem do comprimento de seus eixos principais. Uma elipse com pequena excentricidade é quase um círculo, e uma elipse de excentricidade apenas ligeiramente menor que a unidade é uma longa oval plana. Todas as parábolas têm a mesma excentricidade e, portanto, têm a mesma forma, embora possam ser desenhadas em escalas diferentes.

Quando Pappus terminou suas investigações, ele deve ter sentido que, exceto por pequenas extensões, o assunto estava praticamente esgotado; e se ele pudesse ter previsto a história da ciência por mais de mil anos, isso teria confirmado sua crença. No entanto, na verdade, as idéias realmente frutíferas em conexão com este ramo da matemática ainda não haviam sido sequer tocadas, e ninguém havia adivinhado suas aplicações de suprema importância na natureza. Não se pode dar aviso mais impressionante àqueles que limitariam o saber e a pesquisa ao que aparentemente é útil do que a reflexão de que as secções cónicas foram estudadas durante dezoito séculos meramente como uma ciência abstrata, sem um pensamento de qualquer utilidade que não fosse satisfazer o anseio de conhecimento por parte dos matemáticos, e que, ao final desse longo período de estudo abstrato, foram descobertas como sendo a chave necessária para alcançar o conhecimento de uma das leis mais importantes da natureza.

Enquanto isso, o estudo inteiramente distinto da astronomia vinha avançando. O grande astrônomo grego Ptolomeu (falecido em 168 d.C.) publicou seu tradicional tratado sobre esse assunto na Universidade de Alexandria, explicando os movimentos aparentes entre as estrelas fixas do sol e planetas pela concepção da terra em repouso e do sol e planetas que a rodeiam. Durante os trezentos anos seguintes, o número e a precisão das observações astronômicas aumentou, com o resultado de que a descrição das moções dos planetas na hipótese de Ptolomeu teve que se tornar cada vez mais complexa. Copérnico (nascido em 1473 d.C. e falecido em 1543 d.C.) indicou que os movimentos desses corpos celestes poderiam ser explicados de forma mais simples se o sol fosse considerado como em repouso, e a terra e os planetas fossem concebidos como movendo-se em torno dele. No entanto, ele ainda pensava nessas moções como essencialmente circulares, embora modificadas por um conjunto de pequenas correções arbitrariamente sobrepostas às moções circulares primárias. Assim, a questão se encontrava quando Kepler nasceu em Stuttgart, na Alemanha, em 1571 d.C. Havia duas ciências, a da geometria das seções cônicas e a da astronomia, ambas estudadas desde uma remota antiguidade, sem suspeita de qualquer conexão entre as duas. Kepler era um astrônomo, mas também era um geômetra competente, e ele chegara à idéias avançadas para sua época sobre o tema das secções cônicas. Ele é apenas um dos muitos exemplos da falsidade da idéia de que o sucesso na pesquisa científica exige uma absorção exclusiva em uma estreita linha de estudo. Novas idéias são mais aptas a brotar de uma variedade incomum de conhecimento, não necessariamente de um vasto conhecimento, mas de uma concepção completa dos métodos e idéias de linhas de pensamento distintas. Recordemos que Charles Darwin conseguiu chegar à sua concepção de lei da evolução ao ler o famoso *Ensaio Sobre a População*, de Malthus, trabalho que lidava com um assunto completamente distinto — ao menos é o que se pensava até então.

Kepler enunciou três leis do movimento planetário, as duas primeiras em 1609, e a terceira dez anos mais tarde. Elas são as seguintes:

(1) As órbitas dos planetas são elipses, estando o sol no foco.

(2) Conforme um planeta se move em sua órbita, o vetor do raio do sol para o planeta varre áreas iguais em tempos iguais.

(3) Os quadrados dos tempos periódicos dos vários planetas são proporcionais aos cubos de seus eixos principais.

Essas leis provaram ser apenas um estágio para um desenvolvimento mais fundamental de idéias. Newton (nascido em 1642 d.C. e falecido em 1727 d.C.) concebeu a idéia da gravitação universal, ou seja, que dois pedaços quaisquer de matéria atraem um ao outro com uma força proporcional ao produto de suas massas e inversamente proporcional ao quadrado da distância um do outro. Essa lei geral abrangente, juntamente com as três leis do movimento que ele colocou em sua forma geral final, mostrou-se adequada para explicar todos os fenômenos astronômicos, incluindo as leis de Kepler, e formou a base da física moderna. Entre outras coisas, ele provou que os cometas podem se mover em elipses muito alongadas, ou em parábolas, ou em hipérboles, que são quase parábolas. Os cometas que retornam, como o cometa Halley, devem, é claro, mover-se em elipses. Mas o passo essencial na prova da lei da gravitação, e mesmo na sugestão de sua concepção inicial, foi a verificação das leis de Kepler conectando os movimentos dos planetas com a teoria das secções cônicas.

A partir do século XVII, a teoria abstrata das curvas foi

compartilhada no duplo renascimento da geometria devido à introdução da geometria de coordenadas e da geometria projetiva. Na geometria projetiva, as idéias fundamentais agrupam-se em torno da consideração de conjuntos (ou *pencil*[10], como são chamados) de linhas que passam por um ponto comum (o vértice do *"pencil"*).

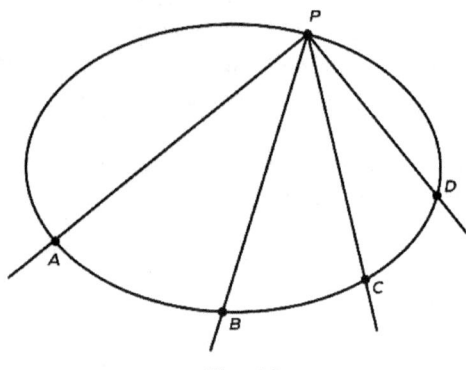

Fig. 19

Agora (*cf.* Fig. 19) se A, B, C, D são quaisquer quatro pontos fixos em uma seção cônica e P é um ponto variável na curva, o *"pencil"* das linhas PA, PB, PC e PD, tem uma propriedade especial, conhecida como a constância de sua relação cruzada. Basta dizer aqui que a razão cruzada é uma idéia fundamental na geometria projetiva. Para a geometria projetiva, esta é realmente a definição das curvas, ou de alguma propriedade análoga que seja realmente equivalente a essa definição. Vê-se quão longe, no decorrer dos anos de estudo, nos afastamos da velha idéia original das secções de um cone circular. Sabemos agora que os gregos tinham obtido uma propriedade de importância comparativamente menor; embora por alguma sorte divina as curvas em si mesmas merecessem toda a atenção que lhes era dada. Essa falta de importância da idéia de "secção" é agora marcada na fraseologia básica da matemática, retirando uma das palavras de seu nome. Com frequência elas são chamadas apenas de "cônicas" em vez de "secções cônicas".

Finalmente, voltamos ao ponto em que deixamos a geometria de

---

[10] Feixe de linhas que passam por um ponto.

coordenadas no último capítulo. Tínhamos perguntado qual era o tipo de lugar geométrico correspondente à forma algébrica geral $ax + by = c$, e tínhamos descoberto que era a classe das linhas retas no plano. Tínhamos visto que cada linha reta possui uma equação nessa forma, e que cada equação com essa forma corresponde a uma linha reta. Agora desejamos passar para o próximo tipo geral de formas algébricas. Isso é evidentemente obtido pela introdução de termos envolvendo x^2, xy e y^2. Assim, a nova forma geral deve ser escrita

$$ax^2 + 2hxy + by^2 + 2gx + 2fy + c = 0.$$

O que isso representa? A resposta é que (quando representa qualquer locus) sempre representa uma secção cônica e, além disso, a equação de cada secção cônica sempre pode ser colocada nessa forma. A discriminação dos tipos particulares de cônicas como dados por essa forma de equação é muito simples. Depende inteiramente da análise de $ab - h^2$, onde a, b e h são constantes da maneira como estão escritas acima. Se $ab - h^2$ é um número positivo, a curva é uma elipse; se $ab - h^2 = 0$, a curva é uma parábola; e se $ab - h^2$ é um número negativo a curva é uma hipérbole.

Por exemplo, considere $a = b = 1, h = g = f = 0$ e $c = -4$. Encontramos então a equação $x^2 + y^2 - 4 = 0$. É fácil provar que essa é a equação de um círculo, cujo centro está na origem, e cujo raio tem 2 unidades de comprimento. Agora, temos que $ab - h^2$ resulta em $1 \times 1 - 0^2$, que resulta em 1, e que, dessa forma, é positivo. Portanto, o círculo é um caso particular de elipse, como deveria ser. Generalizando, a equação de qualquer círculo pode ser colocada na forma $a(x^2 + y^2) + 2gx + 2fy + c = 0$. Sendo assim, $ab - h^2$ resulta em $a^2 - 0$, que é igual a a^2, e que é necessariamente positivo. Desta forma, todos os círculos satisfazem a condição para elipses. A forma geral da equação de uma parábola é

$$(dx + ey)^2 + 2gx + 2fy + c = 0,$$

de modo que os termos do segundo grau, como são chamados,

podem ser escritos como um quadrado perfeito. Resolvendo o quadrado, nós temos

$$d^2x^2 + 2dexy + e^2y^2 + 2gx + 2fy + c = 0;$$

de modo que, por comparação $a = d^2, h = de, b = e^2$, e então $ab - h^2 = d^2e^2 - (de)^2 = 0$. Assim, a condição necessária está automaticamente satisfeita. A equação $2xy - 4 = 0$, onde $a = b = g = f = 0, h = 1$ e $c = -4$ representa uma hipérbole. Neste caso, temos a condição em que $ab - h^2$ resulta em $0 - 1^2$, que é -1, portanto negativo.

A restrição, introduzida ao dizer que, quando a equação geral representa qualquer locus, ela representa uma secção cônica, é necessária, porque alguns casos particulares da equação geral não representam um locus real. Por exemplo, $x^2 + y^2 + 1 = 0$ não pode ser satisfeita por nenhum valor real de x e de y. É comum dizer que o locus é agora um composto de pontos imaginários. Mas esta idéia de pontos imaginários em geometria é realmente de grande complexidade, na qual não vamos entrar agora.

Alguns casos excepcionais estão incluídos na forma geral da equação e podem não ser imediatamente reconhecidos como secções cônicas. Escolhendo corretamente as constantes, a equação pode ser elaborada para representar duas linhas retas. Agora, pode-se dizer que duas linhas retas entrecruzadas estão sob a idéia grega de uma secção cônica. Pois, referindo-se à figura do cone duplo acima, veremos que alguns planos através do vértice, F, cortarão o cone em um par de linhas retas que se cruzam em V. O caso de duas retas paralelas pode ser incluído considerando um cilindro circular como um caso particular de um cone. Então um plano que o corta e é paralelo ao seu eixo, o cortará em duas retas paralelas. De qualquer forma, quer o grego antigo permitisse ou não que esses casos especiais fossem chamados de secções cônicas, eles certamente estão incluídos entre as curvas representadas pela forma algébrica geral do segundo grau. Esse fato é digno de nota; pois é característico da matemática moderna incluir entre as formas gerais todos os tipos de casos particulares que anteriormente teriam recebido tratamento especial. Isso se deve à sua busca pela generalidade.

CAPÍTULO XI
FUNÇÕES

O uso matemático do termo função foi adotado também na vida comum. Por exemplo, a frase "seu temperamento é uma função de sua digestão" usa esse termo exatamente no sentido matemático. Ela significa que pode ser atribuída uma regra que lhe dirá como ficará o temperamento dele quando você souber como está a digestão dele. Assim, a idéia de uma "função" é bastante simples, só precisamos ver como ela é aplicada em matemática a números variáveis. Vamos pensar primeiro em alguns exemplos concretos: se um trem estiver viajando a uma taxa de vinte milhas por hora, a distância (s milhas) percorrida após qualquer número de horas, digamos i, é dada por $s = 20 \times i$; e s é chamada de uma função de i. Além disso, $20 \times i$ é a função de i com a qual s é idêntica. Se John for um ano mais velho que Thomas, então, quando Thomas tiver qualquer idade de x anos, a idade de John (y anos) será dada por $y = x + 1$; e y é a função de x, ou seja, é a função $x + 1$.

Nesses exemplos i e x são chamados de "argumentos" das funções nas quais eles aparecem. Assim, i é o argumento da função $20 \times i$, e x é o argumento da função $x + 1$. Se $s = 20 \times i$ e $y = x + 1$, então, s e y são chamados de "valores" das funções $s = 20 \times i$ e $y = x + 1$, respectivamente.

Passando agora ao caso geral, podemos definir uma função em matemática como uma correlação entre dois números variáveis, chamados respectivamente de "argumento" e "valor" da função, de modo que, para qualquer valor que se atribua ao "argumento da função", o "valor da função" seja definitivamente (ou seja, exclusivamente) determinado. O inverso não é necessariamente verdadeiro, ou seja, quando o valor da função for determinado, o argumento nem sempre será determinado exclusivamente. Outras funções do argumento x são $y = x^2$, $y = 2x^2 + 3x + 1$, $y = x$, $y = log(x)$, $y = sen(x)$. As duas últimas funções deste grupo serão facilmente reconhecíveis por aqueles que entendem um pouco de álgebra e trigonometria. Não vale a pena demorar agora em sua explicação, pois são apenas citadas a título de exemplo.

Até esse ponto, embora tenhamos definido o que entendemos por função em geral, mencionamos apenas uma série de funções especiais. Mas a matemática, fiel aos seus métodos gerais de procedimento, simboliza a idéia geral de qualquer função. Ela faz isso escrevendo $F(x)$, $f(x)$, $g(x)$, $\phi(x)$, etc., para qualquer função de x, onde o argumento x é colocado entre parêntesis e alguma letra, F, f, g, ϕ, etc., é prefixada junto a ele para representar a função. Essa notação tem seus defeitos. Portanto, é óbvio que entra em conflito com a convenção de que as simples letras devem representar números variáveis; uma vez que F, f, g, ϕ, etc., representam funções variáveis. Seria fácil dar exemplos em que só podemos confiar no bom senso e no contexto para ver o que se quer dizer. Uma forma de evitar a confusão é usar letras gregas (por exemplo, o ϕ acima) para funções; outra forma é manter o f e o F (a letra inicial da função) exclusivamente para uso em funções e, se outra função variável precisar ser simbolizada, utilizar uma letra adjacente, como g.

Com essas explicações e cuidados, escrevemos $y = f(x)$ para denotar que y é o valor de alguma função indeterminada de argumento x; de maneira que $f(x)$ pode representar qualquer coisa tal como $x + 1$, $x^2 - 2x + 1$, $sen(x)$, $log(x)$, ou meramente o próprio x. O ponto essencial é que quando x é dado, então y é determinado definitivamente. É importante ser bem claro quanto à generalidade desta idéia. Sendo assim, em $y = f(x)$, podemos determinar, se o quisermos, o $f(x)$ de modo que, quando x for um inteiro, $f(x)$ seja zero, e, quando x tiver qualquer outro valor, $f(x)$ seja igual a 1. Em conformidade, considerando $y = f(x)$, ao escolhermos o valor de f, y será 0 ou 1, de acordo com o valor de x, seja este inteiro ou não. Deste modo, $f(1) = 0$, $f(2) = 0$, $f(\frac{2}{3}) = 1$, $f(\sqrt{2}) = 1$, e assim por diante. Esta escolha do significado de $f(x)$ nos dá uma função perfeita, com um argumento x de acordo com a definição geral de uma função.

Uma função, que no fim das contas não passa de uma correlação entre duas variáveis, é representada em um outro tipo de correlação, por um gráfico, graças ao método da geometria analítica. Por exemplo, a figura 2 no Capítulo II é o gráfico da função $\frac{1}{v}$, onde v é o argumento e p é o valor da função. Neste caso, o gráfico é desenhado apenas para valores positivos de v, que são os únicos valores que possuem algum significado para a aplicação física considerada naquele capítulo. De novo, na figura 14 do Capítulo IX, todo o comprimento da linha AB, ilimitado em ambas as direções, é o gráfico da função $x + 1$, onde x é o argumento e y é o valor da função; e, na mesma figura, a linha ilimitada A_1B é o gráfico da função $1 - x$, e a linha LOL' é o gráfico da função de x, sendo x o argumento e y o valor da função.

Essas funções, que são expressas por fórmulas algébricas simples, são adaptadas para a representação por gráficos. Mas, para algumas funções, essa representação seria muito enganosa sem que fosse feita uma explicação detalhada, ou poderia até mesmo ser impossível. Sendo assim, considere a função mencionada acima, que tem o valor 1 para todos os valores de seu argumento x, exceto aqueles valores que são inteiros, por exemplo: exceto para $x = 0, x = 1, x = 2$, etc., que é quando ela tem o valor 0. Sua aparência em um gráfico seria a de uma linha reta ABA' desenhada paralelamente ao eixo XOX' a uma distância de 1 unidade de comprimento. Mas os pontos B, C_1, C_2, C_3, C_4, etc., correspondentes aos valores 0, 1, 2, 3, 4, etc., do argumento, devem ser omitidos, e em vez deles os pontos O, B_1, B_2, B_3, B_4, etc., no eixo OX, devem ser considerados. É fácil encontrar funções para as quais a representação gráfica não é apenas inconveniente, mas impossível. Funções que não se permitem representar em gráficos são importantes na matemática avançada, mas não precisamos nos preocupar mais com elas aqui.

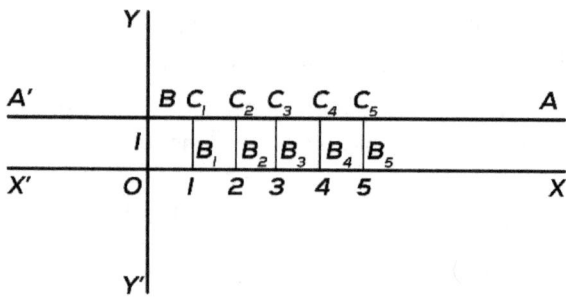

Fig. 20

A distinção mais importante entre funções é aquela entre funções contínuas e descontínuas. Uma função é contínua quando, para alterações graduais do argumento, seu valor só se altera gradualmente, e é descontínua quando seu valor pode ser alterado por saltos repentinos. Assim, as duas funções $x + 1$ e $1 - x$ cujos gráficos são descritos como linhas retas na fig. 14 do Capítulo IX são funções contínuas, e assim também é a função $\frac{1}{v}$, descrita no Capítulo II, se pensarmos apenas em valores positivos de v. Mas a função descrita na figura 20 deste capítulo é descontínua, uma vez que os valores $x = 1$, $x = 2$, etc., de seu argumento, são valores dados por saltos repentinos.

Pensemos em alguns exemplos de funções que nos são apresentadas na natureza, de modo que possamos entender o verdadeiro significado da continuidade e da descontinuidade. Considere um trem em sua jornada ao longo de sua linha ferroviária, digamos que partindo da Estação Euston, o terminal em Londres da empresa London and North-Western Railway. Ao longo da linha por ordem, encontram-se as estações de Bletchley e Rugby. Que i seja o número de horas que o trem levou em sua jornada partindo de Euston, e s seja o número de milhas que se passaram. Então s é uma função de i, ou seja, s é o valor variável que correspondente ao argumento variável i. Se conhecermos as circunstâncias da viagem do trem, saberemos s assim que qualquer valor especial de t for dado. Agora, milagres à parte, podemos assumir com segurança que s é uma função contínua de t. É impossível admitir a contingência de que podemos rastrear o trem continuamente de Euston até Bletchley e que, de repente, sem que haja nenhuma intervenção no intervalo de tempo, por menor que seja, ele possa aparecer em Rugby. Essa idéia é fantástica demais para entrar em nossos cálculos: ela contempla possibilidades que não podem ser vistas fora d'*As Mil e Uma Noites*; e, mesmo nessas histórias, a pura descontinuidade do movimento dificilmente entra na nossa imaginação, eles não ousam sobrecarregar nossa credulidade com nada mais do que uma velocidade muito incomum. Mas a velocidade incomum não contradiz a grande lei da continuidade do movimento que parece valer na natureza. Assim, a luz se move a uma taxa de cerca de 190.000 milhas por segundo e chega até nós do sol em sete ou oito minutos; mas, apesar dessa velocidade, sua distância percorrida é sempre uma função contínua do tempo.

Não é tão óbvio para nós que a velocidade de um corpo seja invariavelmente uma função contínua do tempo. Considere o trem a qualquer momento t: ele está se movendo com alguma velocidade definida, digamos v milhas por hora, onde v é zero quando o trem está em repouso em uma estação e é negativo quando o trem está recuando. Agora, aceitamos prontamente que o v não pode mudar seu valor de repente no caso de um trem grande e pesado. O trem certamente não pode circular a 40 milhas por hora das 11h45 até o meio-dia e, de repente, sem nenhum lapso no tempo, começa a circular a 50 milhas por hora. Admitimos imediatamente que a mudança de velocidade será um processo gradual. Mas que tal considerarmos os choques repentinos em magnitude adequada? Suponha que dois trens colidem; ou, para considerar objetos menores, suponha que um homem chute uma bola de futebol. Certamente parece que a bola de futebol começou a se mover de repente. Assim, no caso da velocidade, nossos sentidos não se revoltam com a idéia de ela ser uma função descontínua do tempo, como fizeram com a idéia de o trem ser transportado instantaneamente de Bletchley para o Rugby. Na verdade, se as leis do movimento, com sua concepção de massa, são verdadeiras, não existe algo como velocidade descontínua na natureza. Qualquer coisa que pareça aos nossos sentidos uma mudança descontínua de velocidade deve, de acordo com eles, ser considerada como um caso de mudança gradual, que é rápida demais para ser perceptível para nós. Seria precipitado, no entanto, apressar-se na generalização de que não nos são apresentadas funções descontínuas na natureza. Um homem que, acreditando que a altura média da terra acima do nível do mar entre Londres e Paris fosse uma função contínua da distância de Londres, caminhasse à noite no penhasco de Shakespeare, em Dover, contemplando a Via Láctea morreria antes que tivesse tempo de reorganizar suas idéias quanto à necessidade de cautela nas conclusões científicas.

É muito fácil encontrar uma função descontínua, mesmo que nos limitemos à mais simples das fórmulas algébricas.

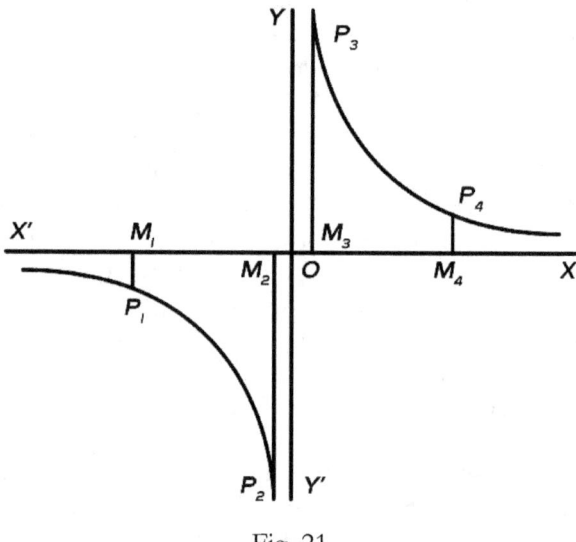

Fig. 21

Por exemplo, considere a função $y = \frac{1}{x}$, que nós já consideramos antes na forma $p = \frac{1}{v}$, onde v foi limitado a valores positivos. Mas agora considere que x assume qualquer valor, positivo ou negativo. O gráfico da função é exibido na fig. 21. Suponha que x mude continuamente de um grande valor negativo por meio de um conjunto numericamente decrescente de valores negativos até 0, e, daí, por meio da série de valores positivos crescentes. Em concordância, se um ponto móvel, M, representa x em XOX', M inicia na extrema esquerda do eixo XOX' e move-se sucessivamente por M_1, M_2, M_3, M_4, etc. Os pontos correspondentes na função são P_1, P_2, P_3, P_4, etc. É fácil perceber que há um ponto de descontinuidade em $x = 0$, isto é, na origem O. Assim, o valor da função do lado negativo (esquerdo) em relação à origem se torna infinitamente grande, porém negativo, e a função reaparece do lado positivo (direito) de maneira infinitamente grande, porém positiva. Portanto, por menor que seja o comprimento M_2, M_3, há um salto finito entre os valores da função em M_2 e M_3. De fato, este caso tem a peculiaridade de que quanto menor for o comprimento entre M_2 e M_3, contanto que eles envolvam a origem, maior é o salto no valor da função entre eles. Esse gráfico mostra, o que também é aparente na fig. 20 deste capítulo, que para muitas funções as descontinuidades ocorrem apenas em pontos isolados, de modo que, restringindo os valores do argumento, obtemos uma função contínua para estes valores restantes. Sendo assim, é evidente que, na fig. 21 em que $y = \frac{1}{x}$, se considerarmos apenas os valores positivos e excluirmos a origem, obtemos uma função contínua. De maneira similar, examinando a mesma função, se considerarmos apenas os valores negativos e excluirmos a origem, obtemos uma função contínua. Considere novamente a função que é grafada na fig. 20. Ela é contínua entre B e C_1, C_1 e C_2, e entre C_2 e C_3, e assim por diante, sempre em cada caso excluindo os pontos finais. No entanto, é fácil encontrar funções tais que suas descontinuidades ocorram em todos os pontos. Por exemplo, considere a função $f(x)$, tal que quando x é qualquer número fracionário, $f(x) = 1$, e, quando x é qualquer número incomensurável, $f(x) = 2$. Essa função é descontínua em todos os pontos.

Finalmente, vamos analisar um pouco mais de perto a definição de continuidade dada acima. Temos dito que uma função é contínua quando seu valor só se altera gradualmente através de alterações graduais do argumento, e é descontínua quando pode alterar seu valor através de saltos bruscos. Este é exatamente o tipo de definição que satisfez nossos antepassados matemáticos e não satisfaz mais aos matemáticos modernos. Vale a pena passar algum tempo pensando nisso; pois, quando compreendermos as objeções modernas, teremos percorrido um longo caminho em direção à compreensão do espírito da matemática moderna. Toda a diferença entre a matemática mais antiga e a mais recente reside no fato de que termos vagos e semi-metafóricos como "gradualmente" não são mais tolerados em suas afirmações exatas. A matemática moderna só admite afirmações, definições e argumentos que empregam exclusivamente algumas idéias simples sobre número, magnitude e variáveis nas quais a ciência se baseia. De dois números, um pode ser maior ou menor que o outro; e um pode ser tal e tal múltiplo do outro; mas não há relação de "gradualidade" entre dois números e, portanto, o termo é inadmissível. Bem, isso pode parecer à primeira vista um grande pedantismo. Para essa acusação existem duas respostas. Em primeiro lugar, durante a primeira metade do século XIX, alguns grandes matemáticos, especialmente Abel na Suécia, e Weierstrass na Alemanha, descobriram que grandes partes da matemática enunciadas à velha maneira despreocupada estavam simplesmente erradas. Macaulay em seu ensaio sobre Bacon contrasta a certeza da matemática com a incerteza da filosofia; e por meio de um exemplo retórico, ele diz: "Não houve reação contra o teorema de Taylor." Ele não poderia ter escolhido um exemplo pior. Pois, sem ter feito um exame dos livros didáticos ingleses sobre matemática contemporânea juntamente com a publicação desse ensaio, a presunção de que o teorema de Taylor foi enunciado e provado erroneamente em cada um deles fica bastante segura. Por conseguinte, a precisão ansiosa da matemática moderna é necessária para a acurácia. Em segundo lugar, é necessária para a pesquisa. Ela deixa claro o pensamento, e daí a ousadia do pensamento e a fertilidade na tentativa de novas combinações de idéias. Quando as afirmações iniciais são vagas e descuidadas, em cada etapa subsequente do pensamento, o bom senso tem que intervir para limitar as aplicações e para explicar os significados. Agora, no pensamento criativo, o senso comum é um mau mestre. Seu único critério de julgamento é que as novas idéias devem se parecer com as antigas. Em outras palavras, ela só pode agir suprimindo a originalidade.

Ao trabalharmos em direção à definição precisa de continuidade (conforme aplicada às funções), consideremos mais de perto a afirmação de que não há relação de "gradualidade" entre os números. Pode-se perguntar: um número não pode ser apenas ligeiramente maior do que outro número, ou, em outras palavras, a diferença entre os dois números não pode ser pequena? A questão toda é que, em abstrato, à parte de alguma aplicação arbitrariamente assumida, não existe um número grande ou pequeno. Um milhão de milhas é um pequeno número de milhas para um astrônomo que investiga as estrelas fixas, mas um milhão de libras é uma grande renda anual. Novamente, um quarto é uma grande fração da renda de uma pessoa para doar em caridade, mas é uma pequena fração para reter para uso privado. Os exemplos podem ser acumulados indefinidamente para mostrar que "grande" ou "pequeno" em qualquer sentido absoluto não tem aplicação abstrata a números. Podemos dizer de dois números que um é maior ou menor que outro, mas não sem a especificação das circunstâncias particulares em que qualquer um dos números é grande ou pequeno. Nossa tarefa, portanto, é definir a continuidade sem qualquer menção de uma mudança "pequena" ou "gradual" no valor da função.

Para fazer isso, daremos nomes à algumas idéias, que também serão úteis quando chegarmos a considerar os limites e o cálculo diferencial.

Um "intervalo" de valores do argumento x de uma função $f(x)$ são todos os valores que se encontram entre dois valores do argumento. Por exemplo, o intervalo entre $x = 1$ e $x = 2$ consiste de todos os valores que x pode assumir que estão entre 1 e 2, isto é, ele consiste de todos os números reais entre 1 e 2. Mas os números limite de um intervalo não precisam ser números inteiros. Um intervalo de valores de argumento *contém* um número a quando a é um membro do intervalo. Por exemplo, o intervalo entre 1 e 2 contém $\frac{3}{2}, \frac{5}{2}, \frac{7}{4}$, e assim por diante.

Um conjunto de números se aproxima de um número a dentro de um *padrão* k, quando a diferença numérica entre a e todos os números do conjunto é menor que k. Aqui k é o "padrão de aproximação". Sendo assim, o conjunto de números 3, 4, 6, 8 se aproxima de 5 dentro do padrão 4. Nesse caso, o padrão 4 não é o menor que poderia ter sido escolhido, o conjunto também se aproxima de 5 usando o padrão 3,1 ou 3,01 ou 3,001. Novamente, os números 3,1, 3,141, 3,1415, 3,14159 aproximam-se de 3,13102 usando o padrão 0,032, e também usando o padrão menor 0,03103.

Essas duas idéias, de intervalo e de aproximação de um número por meio de um padrão, são simples o bastante; a única dificuldade delas é que parecem triviais demais. Mas, quando combinadas com a próxima idéia, a de "vizinhança" de um número, elas formam a base do raciocínio matemático moderno. O que queremos dizer ao falar que alguma coisa é verdadeira para a função $f(x)$ na vizinhança do valor a do argumento x? Essa é a noção fundamental que temos de tornar precisa agora.

Diz-se que os valores de uma função $f(x)$ possuem uma característica na "vizinhança de a" quando algum intervalo pode ser encontrado, tal que (i) contém o número a não como um ponto final, e (ii) cada valor da função para os argumentos, diferente de a, e que estão dentro do intervalo possuam essa característica. O valor $f(a)$ da função para o argumento pode ou não possuir a característica. Nada é decidido sobre este ponto por meio de declarações sobre a *vizinhança* de a.

Por exemplo, suponha que consideramos a função particular x^2. Agora, *na vizinhança de* 2, os valores de x^2 são menores que 5. Assim, podemos encontrar um intervalo, por exemplo, de 1 a 2,1, tal que (i) contém o 2 não como seu ponto final, e (ii) para os valores de x dentro dele, x^2 é menor que 5.

Agora, combinando as idéias precedentes entendemos o que se quer dizer com *na vizinhança de* a a função $f(x)$ se aproxima de c usando o *padrão* k. Isso significa que algum intervalo pode ser encontrado tal que (i) inclua a não como seu ponto final, e (ii) todos os valores de $f(x)$, onde x está no intervalo e não é a, diferem de c por um valor menor que k. Por exemplo, na vizinhança de 2, a função $\sqrt{x}$ se aproxima de 1,41425 usando um padrão 0,0001. Isso é verdadeiro porque a raiz quadrada de 1,99996164 é 1,4142 e a raiz quadrada de 2,00024449 é 1,4143; assim, os valores de x estão dentro do intervalo 1,99996164 até 2,00024449, que contém 2 não como seu ponto final, todos os valores da função $\sqrt{x}$ estão entre 1,4142 e 1,4143, e, dessa forma, todos eles diferem de 1,41425 por menos que

0,0001. Neste caso, podemos, se quisermos, fixar um padrão menor de aproximação, a saber, 0,000051 ou 0,0000501. Novamente, para considerar outro exemplo, na vizinhança de 2, a função x^2 se aproxima de 4 usando o padrão 0,5. Então, $(1,9)^2 = 3,61$ e $(2,1)^2 = 4,41$, e, dessa forma, o intervalo requerido 1,9 a 2,1, que contém 2 não como seu ponto final, foi encontrado. Este exemplo traz à tona o fato de que declarações sobre uma função $f(x)$ na vizinhança de um número a são distintas de declarações sobre o valor de $f(x)$ quando $x = a$. A produção de um intervalo, ao longo do qual a afirmação é verdadeira, é necessária. Assim, o mero fato de que $2^2 = 4$, por si só, não justifica-nos ao dizermos que na vizinhança de 2 a função x^2 se aproxima de 4 usando o padrão 0,5; embora, de fato, a afirmação tenha acabado de ser provada como verdadeira.

Se compreendermos as idéias anteriores, compreenderemos os fundamentos da matemática moderna. Devemos recorrer a idéias análogas no capítulo sobre Séries e novamente no capítulo sobre Cálculo Diferencial. Enquanto isso, agora estamos preparados para definir "funções contínuas". Uma função $f(x)$ é "contínua" em um valor a de seu argumento quando, na vizinhança de a, seus valores se aproximam de $f(a)$ (ou seja, dos valores de a) usando todos os padrões de aproximação.

Isso significa que, qualquer que seja o padrão k escolhido, na vizinhança de a, $f(x)$ se aproxima de $f(a)$ usando o padrão k. Por exemplo, x^2 é contínua no valor 2 de seu argumento, x, porque qualquer k que possamos escolher pode sempre encontrar um intervalo, tal que (i) contenha 2 não como seu ponto final, e (ii) que os valores para os argumentos de x^2 se aproximam de 4 (isto é, 2^2) usando o padrão k. Assim, suponha que escolhemos o padrão 0,1. Agora, $(1,999)^2 = 3,996001$, e $(2,01)^2 = 4,0401$, e ambos esses números diferem de 4 por 0,1. Assim, dentro do intervalo 1,999 a 2,01, os valores de x^2 se aproximam de 4 usando o padrão 0,1. Similarmente, um intervalo pode ser produzido através de qualquer outro padrão que desejarmos tentar.

Tomemos o exemplo do trem ferroviário. Sua velocidade é

contínua à medida que ele passa pela caixa de sinais, para qualquer modelo de velocidade que você quiser atribuir (digamos um milionésimo de milha por hora) um intervalo de tempo pode ser encontrado estendendo-se antes e depois do instante de passagem, de modo que, em todos os instantes dentro dele, a velocidade do trem difere daquela com que o trem passou pela caixa em menos de um milionésimo de milha por hora; e o mesmo é verdade para qualquer outra velocidade mencionada no lugar de um milionésimo de milha por hora..

CAPÍTULO XII
PERIODICIDADE NA NATUREZA

Toda a vida da Natureza é dominada pela existência de eventos periódicos, isto é, pela existência de eventos sucessivos tão análogos uns aos outros que, sem qualquer esforço da linguagem, eles podem ser chamados de recorrências do mesmo evento. A rotação da terra produz os dias sucessivos. É verdade que cada dia é diferente dos dias anteriores, por mais que definamos abstratamente o significado de um dia, de modo a excluir fenômenos casuais. Mas com uma definição suficientemente abstrata de um dia, a distinção em propriedades entre dois dias torna-se tênue e distante do interesse prático; e cada dia pode então ser concebido como uma recorrência do fenômeno de uma rotação da terra. Novamente, o trajeto da terra ao redor do sol leva à recorrência anual das estações, e impõe uma outra periodicidade a todas as operações da natureza. Outra periodicidade menos fundamental é proporcionada pelas fases da lua. Na vida civilizada moderna, com sua luz artificial, estas fases são de pouca importância, mas em tempos antigos, em climas onde os dias são ardentes e os céus claros, a vida humana era aparentemente influenciada em grande parte pela existência da luz da lua. Assim, nossas divisões em semanas e meses, com suas associações religiosas, espalharam-se pelas raças européias da Síria e da Mesopotâmia, embora observâncias independentes após as fases da lua sejam encontradas entre a maioria das nações. É, porém, através das marés, e não através de suas fases de luz e escuridão, que a periodicidade da lua influenciou essencialmente a história da Terra.

Nossa vida corporal é essencialmente periódica. É dominada pelas batidas do coração e pela recorrência da respiração. O pressuposto da periodicidade é de fato fundamental para nossa própria concepção de vida. Não podemos imaginar um curso da natureza no qual, à medida que os acontecimentos avançam, devemos ser incapazes de dizer: "Isto já aconteceu antes". Toda a concepção da experiência como um guia de conduta estaria ausente. Os homens sempre se encontrariam em novas situações, não possuindo nenhum substrato de identidade com nada na história passada. Os próprios meios de medir o tempo como uma quantidade estariam ausentes. Os eventos ainda poderiam ser reconhecidos como ocorrendo em uma série, de modo que alguns ocorreriam mais cedo e outros mais tarde. Mas agora vamos além dessa simples descoberta. Podemos não apenas dizer que três eventos, A, B, C, ocorreram nesta ordem, de modo que A veio antes de B, e B antes de C; mas também podemos dizer que o tempo entre as ocorrências de A e B foi o dobro do tempo entre B e C. Agora, a quantidade de tempo depende essencialmente da observação do número de recorrências naturais que intervieram. Podemos dizer que o período de tempo entre A e B foi de tantos dias, ou tantos meses, ou tantos anos, de acordo com o tipo de recorrência para a qual desejamos apelar. De fato, no início da civilização, estes três modos de medir o tempo eram realmente distintos. Foi uma das primeiras tarefas da ciência entre as nações civilizadas, ou semi-civilizadas, fundi-los em uma medida coerente. A extensão total desta tarefa deve ser compreendida. É necessário determinar, não apenas o número de dias (por exemplo, 365,25...) que vão até um ano, mas também determinar previamente que o mesmo número de dias vai funcionar para os anos sucessivos. Podemos imaginar um mundo no qual as periodicidades existam, mas de tal forma que não haja duas coerentes. Em alguns anos pode haver 200 dias e em outros 350. A determinação da ampla consistência geral das periodicidades mais importantes foi o primeiro passo na ciência natural. Essa consistência não surge de uma lei intuitiva abstrata do pensamento; ela é meramente um fato observado da natureza garantido pela experiência. Na verdade, está longe de ser uma lei necessária, que nem mesmo é exatamente verdadeira. Existem divergências em todos os casos. Em alguns casos, essas divergências são facilmente observadas e, portanto, imediatamente aparentes. Em outros casos, requer observações mais refinadas e uma precisão astronômica para torná-las aparentes. Em termos gerais, todas as recorrências dependentes dos seres vivos, como as batidas do coração, estão sujeitas, em comparação com outras recorrências, a variações rápidas. As grandes recorrências óbvias estáveis — estabilidade, no sentido de grande precisão — são aquelas que dependem do movimento da terra como um todo, e de movimentos similares dos corpos celestiais.

Assumimos, portanto, que estas recorrências astronômicas marcam intervalos de tempo iguais. Mas como devemos lidar com as discrepâncias que as refinadas observações da astronomia detectam? Aparentemente, somos reduzidos à suposição arbitrária de que um ou outro desses conjuntos de fenômenos marcam tempos iguais, e que todos os dias têm a mesma duração ou que todos os anos têm a mesma duração. Não é assim: algumas suposições devem ser feitas, mas a suposição que está por trás de todo o procedimento dos astrônomos na determinação da medida do tempo é que as leis do movimento são verificadas com exatidão. Antes de explicar como isto é feito, é interessante observar que esta delegação da determinação da medida do tempo aos astrônomos surge (como já foi dito) a partir da consistência estável das recorrências com as quais eles lidam. Se tal consistência superior tivesse sido notada entre as recorrências características do corpo humano, naturalmente deveríamos ter procurado os doutores da medicina para a regulação de nossos relógios.

Ao considerar como as leis do movimento entram na questão, observe que dois modos inconsistentes de medir o tempo produzirão diferentes variações de velocidade para o mesmo corpo. Por exemplo, suponha que definamos uma hora como um vigésimo quarto de um dia e consideremos o caso de um trem funcionando uniformemente por duas horas a uma taxa de vinte milhas por hora. Agora imagine uma medida de tempo extremamente inconsistente, e suponha que a primeira hora seja duas vezes maior do que a segunda hora. Então, de acordo com esta outra medida de duração, o tempo de viagem do trem é dividido em duas partes, durante cada uma das quais ele percorreu a mesma distância, ou seja, vinte milhas; mas a duração da primeira parte foi duas vezes maior que a da segunda parte. Portanto, a velocidade do trem não foi uniforme e, em média, a velocidade durante o segundo período foi duas vezes maior do que a do primeiro período. Assim, a questão sobre se o trem funcionou uniformemente ou não depende inteiramente do padrão de tempo que adotamos.

Agora, para todos os propósitos comuns da vida na terra, as várias recorrências astronômicas podem ser vistas como absolutamente consistentes; e, além disso, assumindo sua consistência e, portanto, assumindo as velocidades e mudanças de velocidades possuídas pelos corpos, descobrimos que as leis do movimento, que foram consideradas acima, são quase exatamente verificadas. Mas apenas *quase* exatamente quando chegamos a alguns dos fenômenos astronômicos. Descobrimos, no entanto, que ao assumir velocidades ligeiramente diferentes para as rotações e movimentos dos planetas e estrelas, as leis seriam verificadas com exatidão. Essa suposição é então feita; e, de fato, com isso, adotamos uma medida de tempo, que de fato é definida por referência aos fenômenos astronômicos, mas não de forma a ser consistente com a uniformidade de qualquer um deles. Mas permanece o fato geral de que o fluxo uniforme de tempo em que tanto se baseia depende, ele mesmo, da observação de eventos periódicos.

Mesmo fenômenos, que à primeira vista parecem casuais e excepcionais, ou, por outro lado, se mantêm com uma persistência uniforme, podem ser devidos à influência remota da periodicidade. Veja, por exemplo, o princípio da ressonância. A ressonância surge quando dois conjuntos de circunstâncias conectadas têm as mesmas periodicidades. Ela é uma lei dinâmica na qual as pequenas vibrações de todos os corpos, quando deixados por si mesmos, ocorrem em tempos definidos característicos do corpo. Assim, um pêndulo com uma pequena oscilação sempre vibra em algum tempo definido, característico de sua forma e distribuição de peso e comprimento. Um corpo mais complicado pode ter muitas maneiras de vibrar; mas cada um de seus modos de vibração terá seu próprio "período" peculiar. Esses períodos de vibração de um corpo são chamados de seus períodos "livres". Assim, um pêndulo tem apenas um período de vibração, enquanto uma ponte suspensa terá muitos. Obtemos um instrumento musical, como uma corda de violino, quando os períodos de vibração são todos simples submúltiplos dos mais longos; ou seja, se t segundos for o período mais longo, os outros períodos serão $\frac{1}{2}t$, $\frac{1}{3}t$, e seguindo assim por diante, onde qualquer um desses períodos menores pode estar ausente. Agora, suponha que excitemos as vibrações de um corpo por uma causa que é periódica; então, se o período da causa é muito próximo ao de um dos períodos do corpo, aquele modo de vibração do corpo é violentamente excitado; mesmo que a magnitude da causa estimulante seja pequena. Este fenômeno é denominado "ressonância". A razão geral é fácil de entender. Qualquer um que queira perturbar uma rocking stone[11] poderá empurrá-la "afinando" vibrações com as oscilações da pedra, procurando sempre se assegurar de um momento favorável para os empurrões. Se os empurrões estiverem desafinados, alguns aumentam as oscilações, mas outros apenas as confirmam. Mas se eles estão afinados, depois de algum tempo todos os empurrões serão favoráveis. A palavra "ressonância" vem de considerações do som: mas o fenômeno se estende muito além da região do som. As leis de absorção e emissão de luz dependem disso, a "afinação" dos receptores para telegrafia sem fio, a importância comparativa das influências dos planetas no movimento uns dos outros, o perigo para uma ponte suspensa à medida que as tropas marcham sobre ela passo a passo, e a vibração excessiva de alguns navios sob o batimento rítmico de suas máquinas a certas velocidades. Essa coincidência de periodicidades pode produzir fenômenos estáveis quando há uma associação constante dos dois eventos periódicos, ou pode produzir explosões violentas e repentinas quando a associação é fortuita e temporária.

Os períodos característicos e constantes de vibração mencionados acima são as causas subjacentes do que nos parece ser uma constante excitação de nossos sentidos. Trabalhamos horas a fio em uma luz constante ou ouvimos um som constante e invariável. Mas, se a ciência moderna estiver correta, essa estabilidade não tem contrapartida na natureza. A constância da luz se deve ao impacto no olho de um número incontável de ondas periódicas em um éter vibrante, e a do som se deve às ondas semelhantes em um ar vibrante. Não é nosso propósito aqui explicar a teoria da luz ou a teoria do som. Já dissemos o suficiente para tornar evidente que um

---

[11] N.T. Pedras enormes equilibradas umas nas outras.

dos primeiros passos necessários para tornar a matemática um instrumento adequado para a investigação da Natureza é que ela seja capaz de expressar a periodicidade essencial das coisas. Se tivermos compreendido isso, poderemos compreender a importância das concepções matemáticas que temos de considerar a seguir, a saber, funções periódicas.

CAPÍTULO XIII
TRIGONOMETRIA

A trigonometria não surgiu da consideração geral da periodicidade da natureza. Nesse aspecto, sua história é análoga à das secções cônicas, que também tiveram sua origem em idéias muito particulares. Na verdade, uma comparação das histórias das duas ciências produz algumas analogias e contrastes muito instrutivos. A trigonometria, como as secções cônicas, teve sua origem entre os gregos. Seu inventor foi Hiparco (nascido por volta de 160 a.c.), um astrônomo grego que fez suas observações em Rodes. Seus serviços à astronomia foram grandes, e ele deixou nas mãos desta um assunto verdadeiramente científico com resultados importantes estabelecidos, e o método certo de progresso assinalado. Talvez a invenção da trigonometria não tenha sido o menor desses serviços para a principal ciência de seu estudo. O próximo homem que estendeu a trigonometria foi Ptolomeu, o grande astrônomo alexandrino, que já mencionamos. Agora vemos de imediato o grande contraste entre as secções cônicas e a trigonometria. A origem da trigonometria foi prática; ela foi inventada porque era necessária uma nova busca astronômica. A origem das secções cônicas foi puramente teórica. A única razão para seu estudo inicial foi o interesse abstrato das idéias envolvidas. Caracteristicamente, as secções cônicas foram inventadas cerca de 150 anos antes da trigonometria, durante o melhor período do pensamento grego. Mas a importância da trigonometria, tanto para a teoria quanto para a aplicação da matemática, é apenas um dos inúmeros exemplos das inúmeras idéias frutíferas que a ciência geral ganhou com suas aplicações práticas.

Vamos tentar deixar claro para nós mesmos o que é trigonometria, e por que ela deve ser gerada pelo estudo científico da astronomia. Em primeiro lugar: quais são as medidas que podem ser feitas por um astrônomo? São medidas de tempo e medidas de ângulos. O astrônomo pode ajustar um telescópio (porque é mais fácil discutir o instrumento familiar dos astrônomos modernos) para que ele só possa girar em torno de um eixo fixo apontando para leste e oeste; o resultado é que o telescópio só pode apontar para o sul, com uma maior ou menor elevação de direção, ou, se girado além do zênite, apontar para o norte. Este é o instrumento de trânsito, o grande instrumento para a medição exata dos tempos em que as estrelas estão ao sul ou ao norte. Mas, indiretamente, esse instrumento mede ângulos. Pois quando o tempo decorrido entre os trânsitos de duas estrelas for anotado, pela suposição da rotação uniforme da Terra, obtemos o ângulo pelo qual a Terra girou naquele período de tempo. Novamente, por outros instrumentos, o ângulo entre duas estrelas pode ser medido diretamente.

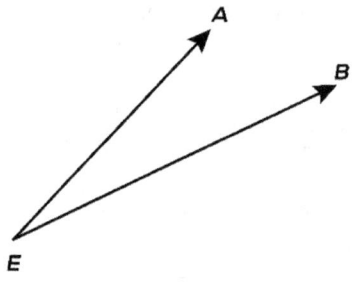

Fig. 22

Pois se E é o olho do astrônomo, e EA e EB são as direções nas quais as estrelas são vistas, é fácil conceber instrumentos que medem o ângulo AEB. Consequentemente, quando o astrônomo está fazendo um análise dos céus, ele está, de fato, medindo ângulos de modo a fixar as direções relativas das estrelas e planetas a qualquer momento. Novamente, no problema análogo do levantamento topográfico, os ângulos são o assunto principal das medições. As medições diretas de comprimento raramente são possíveis com alguma precisão; rios, casas, florestas, montanhas e irregularidades gerais do solo atrapalham. O mapeamento de um país inteiro dependerá apenas de uma ou duas medidas diretas de comprimento, feitas com a maior elaboração em locais selecionados como Salisbury Plain. O principal trabalho de um mapeamento é a medição dos ângulos. Por exemplo, A, B e C serão pontos visíveis no distrito pesquisado, digamos, os topos das torres das igrejas.

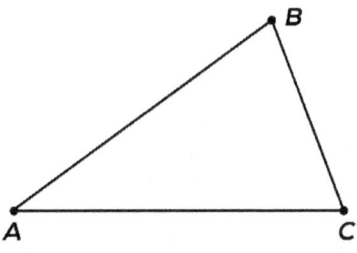

Fig. 23

Esses pontos são visíveis uns dos outros. Então é uma questão muito simples em A medir o ângulo BAC, e em B medir o ângulo ABC e em C medir o ângulo BCA. Teoricamente, é necessário medir apenas dois desses ângulos; pois, por uma proposição bem conhecida em geometria, a soma dos três ângulos de um triângulo equivale a dois ângulos retos, de modo que quando dois dos ângulos são conhecidos, o terceiro pode ser deduzido. É melhor, entretanto, na prática medir todos os três, e então quaisquer pequenos erros de observação podem ser verificados. No processo de mapeamento, um país é completamente coberto por triângulos dessa maneira. Este processo é chamado de triangulação, e é o processo fundamental em um mapeamento.

Agora, quando todos os ângulos de um triângulo são conhecidos, a forma do triângulo é conhecida — isto é, a forma distinta do tamanho. Chegamos aqui ao grande princípio da similaridade geométrica. A idéia é muito familiar para nós em suas aplicações práticas. Todos estamos familiarizados com a idéia de um projeto desenhado em escala. Assim, se a escala de um projeto for de polegadas para jardas, um comprimento de três polegadas no projeto significa um comprimento de três jardas no original. Também as formas retratadas no projeto são as mesmas formas no original, de modo que um ângulo reto no original aparece como um ângulo reto no projeto. Da mesma forma, considerando um mapa, que é apenas um projeto em relação a um país: as proporções dos comprimentos no mapa são as proporções das distâncias entre os lugares indicados, e as direções no mapa são as direções no país. Por exemplo, se no mapa um lugar está a norte-noroeste do outro, então assim o é na realidade; ou seja, em um mapa, os ângulos são iguais aos da realidade.

A similaridade geométrica pode ser definida assim: Duas figuras são semelhantes (i) se a qualquer ponto em uma figura um ponto na outra figura corresponde, de modo que, a cada linha, há uma linha correspondente, e, a cada ângulo, há um ângulo correspondente, e (ii) se os comprimentos das linhas correspondentes estão em uma proporção fixa e as magnitudes dos ângulos correspondentes são as mesmas. A proporção fixa dos comprimentos das linhas correspondentes em um mapa (ou projeto) e no original é chamada de escala do mapa. A escala deve ser sempre indicada na margem de cada mapa e projeto. Já foi dito que dois triângulos cujos ângulos são respectivamente iguais são semelhantes. Assim, se os dois triângulos ABC e DEF têm os ângulos em A e D iguais, e aqueles em B e E, e aqueles em C e F, então DE está para AB na mesma proporção que EF está para BC, e como FD está para CA.

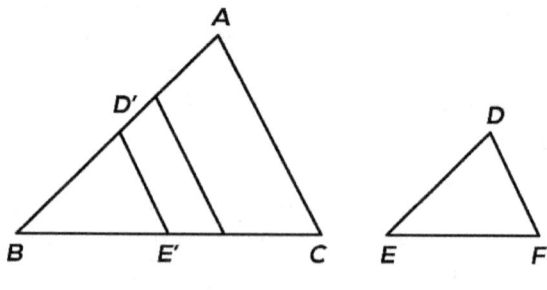

Fig. 24

Mas não é verdade para outras figuras que a semelhança é garantida pela mera igualdade de ângulos. Tomemos, por exemplo, os casos familiares de um retângulo e um quadrado.

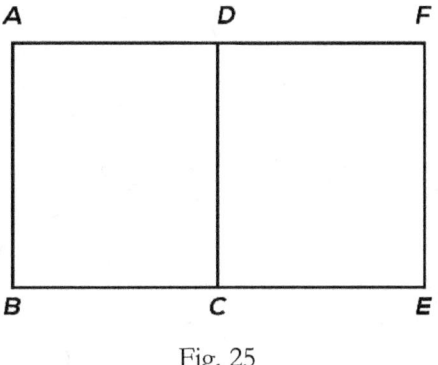

Fig. 25

Seja $ABCD$ um quadrado e $ABEF$ um retângulo. Então, todos os ângulos correspondentes são iguais. Mas, enquanto o lado AB do quadrado é igual ao lado AB do retângulo, o lado EC do quadrado tem cerca de metade do tamanho do lado BE do retângulo. Portanto, não é verdade que o quadrado $ABCD$ é semelhante ao retângulo $ABEF$. Essa propriedade peculiar do triângulo, que não é compartilhada por outras figuras retilíneas, torna-o a figura fundamental na teoria da semelhança. Assim, nos mapeamentos, a triangulação é o processo fundamental; e daí também surge a palavra "trigonometria", derivada das duas palavras gregas *trigonon*, triângulo, e *metria*, medida. A questão fundamental da qual surgiu a trigonometria é esta: Dadas as magnitudes dos ângulos de um triângulo, o que pode ser dito quanto às magnitudes relativas dos lados? Note que dizemos "magnitudes relativas dos lados", pois, pela teoria da semelhança, são apenas as proporções dos lados que são conhecidas. Para responder a essa questão, certas funções das magnitudes de um ângulo, consideradas como argumento, são introduzidas. Em sua origem, essas funções eram obtidas considerando um triângulo retângulo, e a magnitude do ângulo era definida pelo comprimento do arco de um círculo. Nos livros elementares modernos, a posição fundamental do arco do círculo como definidor da magnitude do ângulo foi empurrada um pouco para o segundo plano, não em benefício da teoria ou da clareza de explicação. Deve-se notar primeiro que, em relação à semelhança, o círculo mantém a mesma posição fundamental entre as figuras curvilíneas, assim como o triângulo entre as figuras retilíneas. Quaisquer dois círculos são figuras semelhantes; eles diferem apenas em escala.

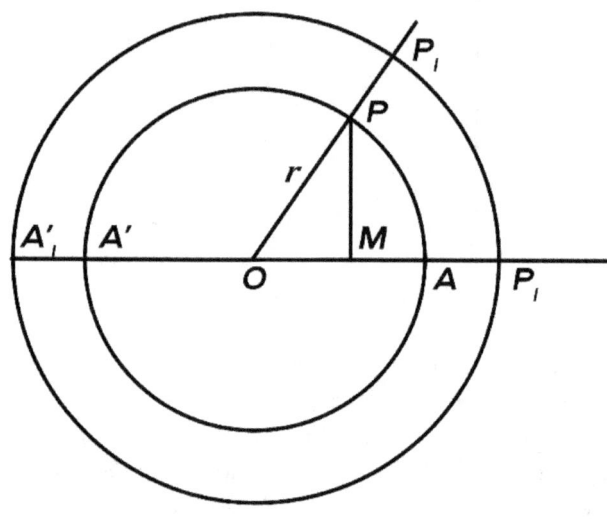

Fig. 26

Os comprimentos das circunferências de dois círculos, tais como APA' e $A_1P_1A_1'$ na fig. 26, são proporcionais aos comprimentos de seus raios. Além disso, se os dois círculos tiverem o mesmo centro O, como os dois círculos da fig. 26, então os arcos AP e A_1P_1 interceptados pelos braços de qualquer ângulo AOP, também estão em proporção com seus raios. Portanto, a relação entre o comprimento do arco AP e o comprimento do raio OP, ou seja $\frac{arc\ AP}{raio\ OP}$, é um número que é bastante independente do comprimento OP, e é o mesmo que o da fração $\frac{arc\ A_1P_1}{raio\ OP_1}$. Essa fração do "arco dividido pelo raio" é a forma teórica adequada para medir a magnitude de um ângulo; pois não depende de nenhuma unidade arbitrária de comprimento, e de nenhuma maneira arbitrária de dividir qualquer ângulo arbitrariamente assumido, como o ângulo reto. Assim, a fração $\frac{AP}{OA}$ representa a magnitude do ângulo AOP.

Agora, considere no desenho a linha PM, que é perpendicularmente a OA. Os matemáticos gregos chamaram a linha PM de seno do arco AP e a linha OM de cosseno do arco AP. Eles estavam bem cientes de que a importância das relações entre essas várias linhas dependia da teoria da semelhança que acabamos de expor. Mas eles não fizeram suas definições expressarem as propriedades que surgem dessa teoria. Além disso, eles não tinham em suas cabeças as idéias gerais modernas a respeito das funções como pares correlatos de números variáveis, nem de fato estavam cientes de qualquer concepção moderna de álgebra e análise algébrica. Consequentemente, era natural para eles pensar apenas nas relações entre certas linhas em um diagrama. Para nós, o caso é diferente: queremos incorporar nossas idéias mais poderosas.

Assim, na matemática moderna, em vez de considerarmos o arco AP, consideramos $\frac{AP}{OP}$ que é um número igual para todos os comprimentos de OP; e, em vez de considerarmos as linhas PM e OM, consideramos as frações $\frac{PM}{OP}$ e $\frac{OM}{PM}$ que novamente são números não dependentes do comprimento da OP, ou seja, independentes da escala de nossos diagramas. Dessa forma, definimos o número $\frac{PM}{OP}$ como sendo o *seno* do número $\frac{PA}{OP}$, e o número $\frac{OM}{OP}$ como sendo o *cosseno* do número $\frac{OM}{PM}$. Essas formas fracionárias são difíceis de imprimir; então vamos escrever u em lugar da fração $\frac{AP}{OP}$, que representa a magnitude do ângulo AOP, escrever v para a fração $\frac{PM}{OP}$ e w para a fração $\frac{OM}{OP}$. Então u, v, w são números e, como estamos falando de *qualquer* ângulo AOP, eles são números variáveis. Mas existe uma correlação entre suas magnitudes, de modo que quando u (ou seja, o ângulo AOP) é dado, as magnitudes de v e w são definitivamente determinadas. Consequentemente, v e w são funções do argumento u. Chamamos v de *seno* de u, e w de *cosseno* de u. Queremos adaptar a notação funcional geral $y = f(x)$ a esses casos especiais: então, na matemática moderna, escrevemos "*sen*" de "f" quando queremos indicar a função especial de "seno" e "*cos*" de "f" quando queremos indicar a função especial de "cosseno".
Assim, com os significados acima para u, v, w, obtemos

$$v = sen\ u,\ e\ w = cos\ u,$$

onde os parênteses ao redor do x no $f(x)$ são omitidos para as funções especiais. O significado dessas funções *sen* e *cos*, como correlacionando os pares de números u e v, e u e w, é que as relações funcionais devem ser encontradas construindo (*cf.* Fig. 26) um ângulo, cuja medida "AP dividido por OP" é igual a u, que v é o número dado por "PM dividido por OP" e w é o número dado por "OM dividido por OP".

É evidente que, sem outras definições, teremos dificuldades quando o número u for considerado muito grande. Pois então o arco AP pode ser maior do que um quarto da circunferência do círculo, e o ponto M (*cf.* Fig. 26) pode estar entre O e A' e não entre O e A. Também P pode estar abaixo da linha AOA' e não acima dela como na fig. 26. Para superar essa dificuldade, recorremos às idéias e convenções da geometria analítica para fazer com que nossas definições de seno e cosseno sejam completas.

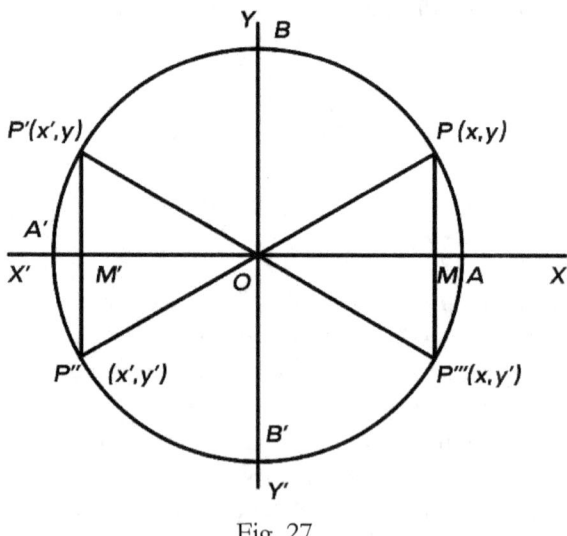

Fig. 27

Faça com que o segmento OA, do ângulo, seja o eixo OX, e produza o eixo contrário, OX', para obter sua parte negativa. Desenhe o outro eixo YOY' perpendicular a ele. Faça com que um ponto P qualquer a uma distância r de O tenha coordenadas x e y. Essas coordenadas são ambas positivas no primeiro "quadrante" do plano, por exemplo, as coordenadas x e y de P na fig; 27. Nos outros quadrantes, qualquer um ou ambas as coordenadas são negativas, por exemplo, x' e y para P', x' e y' para P'' e x e y' para P''' na fig. 27, onde x' e y' são ambos negativos. O ângulo positivo POA é o arco AP dividido por r, seu seno é $\frac{y}{r}$ e seu cosseno é $\frac{x}{r}$; o ângulo positivo $P'OA$ é o arco ABP' dividido por r, seu seno é $\frac{y}{r}$ e seu cosseno é $\frac{x'}{r}$; o ângulo positivo $P''OA$ é o arco $ABA'P''$ dividido por r, seu seno é $\frac{y'}{r}$ e seu cosseno é $\frac{x'}{r}$; o ângulo positivo $P'''OA$ é o arco $ABA'B'P'''$ dividido por r, seu seno é $\frac{y'}{r}$ e seu cosseno é $\frac{x}{y}$.

Mas mesmo agora não fomos longe o suficiente. Suponha que escolhemos u como um número maior do que a razão de toda a circunferência do círculo em relação ao seu raio. Devido à semelhança de todos os círculos, essa proporção é a mesma para todos os círculos. Ela é sempre denotada na matemática pelo símbolo 2π, onde π é a forma grega da letra p e seu nome no alfabeto grego é "pi". Pode-se provar que π é um número incomensurável e que, portanto, seu valor não pode ser expresso por nenhuma fração, ou por qualquer decimal final ou recorrente. Seu valor com algumas casas decimais é 3,14159; para muitos propósitos, um valor aproximado suficientemente preciso é $\frac{22}{7}$. Matemáticos podem facilmente calcular π em qualquer grau de precisão necessário, da mesma forma que o $\sqrt{2}$ pode ser calculado. Atualmente o seu valor foi atribuído a 707 casas decimais. Tal elaboração de cálculos é apenas uma curiosidade, sem interesse prático ou teórico. A determinação precisa de π é uma das duas partes do famoso problema da quadratura do círculo. A outra parte do problema é, pelos métodos teóricos da geometria pura, descrever uma linha reta igual em comprimento à circunferência. Ambas as partes do problema são agora reconhecidas como impossíveis; e o problema insolúvel agora perdeu todo interesse prático ou teórico especial, tendo-se absorvido em idéias mais amplas.

Após esta digressão sobre o valor de π, voltamos agora à questão da definição geral da magnitude de um ângulo, de forma a podermos produzir um ângulo correspondente a qualquer valor u. Imagine um ponto móvel, Q, que inicia de A em OX (*cf.* Fig. 27) e gira na direção positiva (anti-horária, na figura considerada) ao redor da circunferência do círculo por qualquer número de vezes, finalmente descansando em qualquer ponto, por exemplo, em P, P', P'' ou P'''. Então, o comprimento total do caminho circular curvilíneo percorrido, dividido pelo raio do círculo, r, é a definição generalizada de um ângulo positivo de *qualquer* tamanho. Sejam x, y as coordenadas do ponto em que o ponto Q repousa, ou seja, em uma das quatro posições alternativas mencionadas na fig. 27; x e y (como aqui usados) serão x e y, x' e y, x' e y' ou x e y''. Então, o seno desse ângulo geral é $\frac{y}{r}$ e o cosseno é $\frac{x}{r}$. Com essas definições, as relações funcionais $v = sen\, u$ e $w = cos\, u$ são finalmente definidas para todos os valores reais positivos de u. Para valores negativos de u, simplesmente consideramos a rotação de Q na direção oposta (sentido horário); mas não vale a pena nos aprofundarmos mais neste ponto, agora que o método geral de procedimento foi explicado.

Essas funções de seno e cosseno, como assim definidas, nos permitem lidar com os problemas relativos ao triângulo do qual a trigonometria teve sua origem. Mas agora estamos em posição de relacionar a trigonometria à idéia mais ampla de periodicidade, cuja importância foi explicada no capítulo anterior. É fácil ver que as funções $sen\, u$ e $cos\, u$ são funções periódicas de u. Considere a posição, P (na fig. 27), de um ponto móvel, Q, que partiu de A e girou em torno do círculo. Esta posição, P, marca os ângulos $\frac{arc\, AP}{r}$, e $2\pi + \frac{arc\, AP}{r}$, e $4\pi + \frac{arc\, AP}{r}$, e $6\pi + \frac{arc\, AP}{r}$, e assim por diante, indefinidamente. Agora, todos esses ângulos têm o mesmo seno e cosseno, a saber, $\frac{y}{r}$ e $\frac{x}{r}$. Assim, é fácil ver que, se qualquer valor for escolhido para u, os argumentos $u, 2\pi + u, 4\pi + u, 6\pi + u, 8\pi + u$, e assim por diante, indefinidamente, têm todos os mesmos valores correspondentes de seno e cosseno. Em outras palavras,

$$sen\ u = sen\ (2\pi + u) = sen\ (4\pi + u) = sen\ (6\pi + u)$$
$$= etc.;$$
$$cos\ u = cos\ (2\pi + u) = cos\ (4\pi + u) = cos\ (6\pi + u) = etc.$$

Esse fato é expresso ao dizer que *sen u* e *cos u* são funções periódicas com seus períodos iguais a 2π.

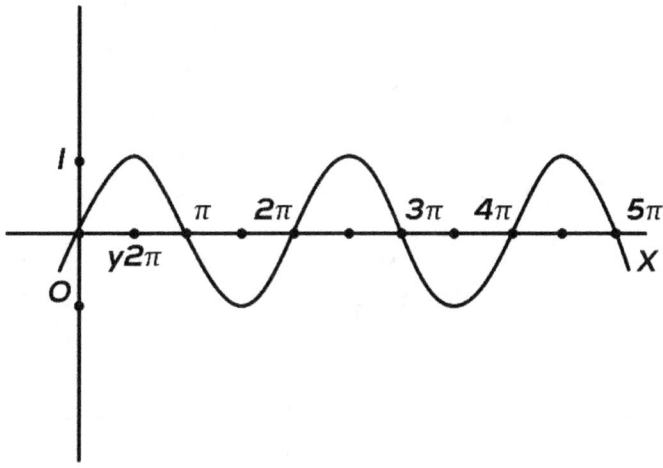

Fig. 28

O gráfico da função $y = sen\ x$ (note que agora abandonamos v e u para usarmos as variáveis mais familiares x e y) é mostrado na fig. 28. Escolhemos, no eixo do x, qualquer comprimento que desejarmos para representar o número π, e no eixo do y qualquer comprimento que desejarmos para representar o número 1. Os valores numéricos do seno e cosseno nunca podem exceder a unidade. A recorrência da figura após períodos de 2π será notada. Este gráfico representa o estilo mais simples de função periódica, a partir da qual todas as outras são construídas. O cosseno não fornece nada fundamentalmente diferente do seno. Assim, é fácil provar que $cos\ x = sen\ (x + \frac{\pi}{2})$; então, podemos ver que o gráfico de $cos\ x$ é a simples fig. 28 modificada desenhando o eixo de OY através do ponto no OX onde está marcado o $\frac{\pi}{2}$, ao invés de onde ele está desenhado nessa figura.

É fácil construir uma função 'seno' na qual o período tem valor qualquer atribuído a. Pois só temos que escrever

$$y = sen\ \frac{2\pi x}{a},$$

e então

$$sen\ \frac{2\pi(x+a)}{a} = sen\left\{\frac{2\pi x}{a} + 2\pi\right\} = sen\ \frac{2\pi x}{a}.$$

Portanto, o período desta nova função é agora a. Vamos agora dar uma definição geral do que entendemos por função periódica. A função $f(x)$ é periódica, sendo o período a, se (i) para *qualquer* valor de x, nós temos $f(x) = f(x + a)$, e (ii) não existe número b menor do que a tal que, para qualquer valor de x, $f(x) = f(x + b)$.

A segunda cláusula é colocada na definição porque, quando temos $\frac{2\pi x}{a}$, ela não é apenas periódica no período a, mas também o é nos períodos $2a$, $3a$, e assim por diante; isso surge uma vez que

$$sen\ \frac{2\pi(x+3a)}{a} = sen\left(\frac{2\pi x}{a} + 6\pi\right) = sen\ \frac{2\pi x}{a}.$$

Portanto, esse é o menor período que desejamos ter e o chamaremos de período da função. A maior parte da teoria abstrata das funções periódicas e a totalidade das aplicações da teoria à Ciência Física são dominadas por um importante teorema chamado Teorema de Fourier; a saber, se $f(x)$ for uma função periódica de período a e, se $f(x)$ também satisfaz certas condições, que praticamente sempre são pressupostas em funções sugeridas por fenômenos naturais, então $f(x)$ pode ser escrita na forma

$$c_0 + c_1\ sen\left(\frac{2\pi x}{a} + e_1\right) + c_2\ sen\left(\frac{4\pi x}{a} + e_2\right)$$
$$+ c_3\ sen\left(\frac{6\pi x}{a} + e_3\right) + etc.$$

Nesta fórmula c_0, c_1, c_2, etc., e também e_0, e_1, e_2, etc., são constantes, escolhidas de acordo com a função particular. Mais uma vez, temos que perguntar: quantos termos devem ser escolhidos? E aqui surge uma nova dificuldade: pois podemos provar que, embora em alguns casos particulares um número definido sirva, no entanto, em geral, tudo o que podemos fazer é aproximar o quanto quisermos do valor da função, tomando cada vez mais termos. Esse processo de aproximação gradual nos leva à consideração da teoria das séries infinitas, uma parte essencial da teoria matemática que consideraremos no próximo capítulo.

O método acima, de expressar uma função periódica como uma soma de senos, é chamado de "análise harmônica" da função. Por exemplo, em qualquer ponto da costa marítima, a maré sobe e desce periodicamente. Assim, em um ponto próximo ao Estreito de Dover, haverá duas marés diárias devido à rotação da terra. A subida e a descida diárias das marés são complicadas pelo fato de que há duas ondas de maré, uma subindo o Canal da Mancha e a outra que varreu o norte da Escócia e depois desceu o mar do Norte em direção ao sul. Algumas marés altas são mais altas do que outras: isto se deve ao fato de que o Sol também tem uma influência geradora de marés, assim como a Lua. Desta forma, são introduzidos períodos mensais, e outros períodos. Deixamos de lado a influência excepcional dos ventos que não pode ser prevista. O problema geral da análise harmônica das marés é encontrar conjuntos de termos como aqueles na expressão escrita acima, de modo que cada conjunto dará com precisão aproximada a contribuição das influências geradoras da maré de um "período" para a altura da maré em qualquer instante. O argumento x será, portanto, o *tempo* contado a partir de qualquer início conveniente.

O movimento de vibração de uma corda de violino é submetido a uma análise harmônica semelhante, assim como as vibrações do éter e do ar, correspondendo respectivamente a ondas de luz e ondas de som. Estamos aqui na presença de um dos processos fundamentais da física matemática, a saber, nada menos do que seu método geral de lidar com o grande fato natural da Periodicidade.

CAPÍTULO XIV
SÉRIES

Nenhuma parte da Matemática sofre mais com a trivialidade de sua apresentação inicial aos iniciantes do que o grande assunto das séries. Dois pequenos exemplos de séries, a saber, séries aritméticas e geométricas, são considerados; esses exemplos são importantes porque são os exemplos mais simples de uma teoria geral importante. Mas as idéias gerais nunca são divulgadas; e, assim, os exemplos, que nada exemplificam, são reduzidos a trivialidades tolas.

A idéia matemática geral de uma série é a de um conjunto de coisas dispostas em ordem, isto é, em sequência; esse significado é representado com precisão no uso comum do termo. Considere, por exemplo, a série de primeiros-ministros ingleses durante o século XIX, organizados na ordem de seu primeiro mandato naquele cargo dentro do século. A série começa com William Pitt e termina com Lord Rosebery, que, apropriadamente, é o biógrafo do primeiro membro. Poderíamos ter considerado outras ordens em série para o arranjo desses homens; por exemplo, de acordo com sua altura ou seu peso.

Essas outras ordens sugeridas nos parecem triviais em relação a dos primeiros-ministros, e não ocorreriam naturalmente à mente; mas, abstratamente, são ordens tão boas quanto qualquer outra. Quando uma ordem entre termos é muito mais importante ou mais óbvia do que outras ordens, muitas vezes se fala dela como *a* ordem desses termos. Assim, *a* ordem dos inteiros seria sempre entendida como sua ordem ordenada em uma ordem de grandeza. Mas é claro que há um número indefinido de outras formas de arranjá-los. Quando o número de coisas consideradas é finito, o número de maneiras de organizá-las em ordem é chamado de número de suas permutações. O número de permutações de um conjunto de n coisas, onde n é um número inteiro finito, é

$$n \times (n-1) \times (n-2) \times (n-3) \times \ldots \times 4 \times 3 \times 2 \times 1$$

ou seja, é o produto dos primeiros n inteiros; este produto é tão importante em matemática que um simbolismo especial é usado para ele, e ele é sempre escrito "$n!$". Assim, $2! = 2 \times 1 = 2$, e $3! = 3 \times 2 \times 1 = 6$, e $4! = 4 \times 3 \times 2 \times 1 = 24$, e $5! = 5 \times 4 \times 3 \times 2 \times 1 = 120$. Quando n aumenta, o valor de $n!$ aumenta muito rapidamente; assim, $100!$ é cem vezes maior que $99!$

É fácil verificar, no caso de pequenos valores de n, que $n!$ é o número de maneiras de organizar n coisas em ordem. Assim, considere duas coisas, *a* e *b*; elas podem ser organizadas em duas ordens, *ab* e *ba*, pois $2! = 2$.

Novamente, considere três coisas, *a*, *b* e *c*; elas são passíveis de seis ordens, *abc*, *acb*, *bac*, *bca*, *cab*, *cba*, pois $3! = 6$. De maneira similar, podemos arranjar quatro coisas, *a*, *b*, *c* e *d*, de vinte e quatro maneiras diferentes.

Quando chegamos aos conjuntos infinitos de coisas — como os conjuntos de todos os inteiros, ou todas as frações, ou todos os números reais, por exemplo —, chegamos imediatamente às complicações da teoria dos tipos de ordem. Esse assunto foi mencionado no Capítulo VI ao considerar as possíveis ordens dos inteiros, das frações e dos números reais. Toda a questão dos tipos de ordem forma um ramo relativamente novo da matemática de grande importância. Não iremos considerar essa questão de forma mais aprofundada. Todas as séries infinitas que consideraremos agora são do mesmo tipo de ordem que os inteiros dispostos em ordem ascendente de magnitude, ou seja, com um primeiro termo, e de tal forma que cada termo tem um par de vizinhos do lado, um de cada lado, com exceção do primeiro termo que tem, é claro, apenas um vizinho do lado. Assim, se m for qualquer número inteiro (diferente de zero), haverá sempre um m-ésimo termo. Uma série com um número finito de termos (digamos n termos) tem as mesmas características, no que diz respeito aos vizinhos do lado, que uma série infinita; ela só difere das séries infinitas por ter um último termo, ou seja, o n-ésimo.

Uma coisa importante a se fazer com uma série de números — usando, daqui por diante, "série" no sentido estrito que acabamos de mencionar - é somar os seus termos sucessivos.

Dessa forma, se $u_1, u_2, u_3, \ldots, u_n, \ldots$, são, respectivamente, $1^{\underline{o}}$, $2^{\underline{o}}, 3^{\underline{o}}, 4^{\underline{o}}, \ldots, n^{\underline{o}}, \ldots$, termos de uma série de números, formamos sucessivamente as séries u_1, $u_1 + u_2$, $u_1 + u_2 + u_3$, $u_1 + u_2 + u_3 + u_4$, e assim por diante; assim, a soma dos primeiros n termos pode ser escrita

$$u_1 + u_2 + u_3 + \ldots + u_n.$$

Se a série tem apenas um número finito de termos, chegamos finalmente, dessa forma, à soma de toda a série de termos. Mas, se a série tem um número infinito de termos, esse processo de formação sucessiva das somas dos termos nunca termina; e, nesse sentido, não existe a soma de uma série infinita.

Mas por que é importante somar sucessivamente os termos de uma série dessa forma? A resposta é que estamos aqui simbolizando o processo mental fundamental da aproximação. Este é um processo que tem significado para muito além das regiões da matemática. Nossos intelectos limitados não podem lidar com material complexo todo de uma só vez, e nosso método de arranjo é o da aproximação. O estadista, ao preparar seu discurso, coloca as questões dominantes em primeiro lugar e permite que os detalhes caiam naturalmente em seus lugares subordinados. Existe, é claro, o método artístico inverso de preparar a imaginação pela apresentação de detalhes subordinados ou especiais e, então, gradualmente chegar a uma crise. De qualquer forma, o processo é uma soma gradual de efeitos; e isso é exatamente o que é feito pela soma sucessiva dos termos de uma série. Nosso método comum de declarar números é um processo de soma gradual, pelo menos no caso de números grandes. Assim, 568.213 se apresenta à mente como

$$500{,}000 + 60{,}000 + 8{,}000 + 200 + 10 + 3.$$

No caso de frações decimais, isso é bem mais explícito. Assim,

$$3.14159 \text{ é } 3 + \frac{1}{10} + \frac{4}{100} + \frac{1}{1000} + \frac{5}{10000} + \frac{9}{100000}.$$

Também, $3 + \frac{1}{10}$, $3 + \frac{1}{10} + \frac{4}{100}$, $3 + \frac{1}{10} + \frac{4}{100} + \frac{1}{1000}$, e $3 + \frac{1}{10} + \frac{4}{100} + \frac{1}{1000} + \frac{5}{10000}$ são sucessivas aproximações do resultado completo, que é 3.14159. Se lermos 568.218 de trás para frente, da direita para a esquerda, começando com as 3 unidades, lemos de forma artística, preparando gradualmente a mente para a crise do 500.000.

O processo normal de multiplicação numérica prossegue por meio da soma de uma série. Considere o cálculo

```
     342
  x  658
    2736
    1710
    2052
  225036
```

Assim, as três linhas a serem adicionadas formam uma série da qual o primeiro termo é a linha superior. Esta série segue o método artístico de apresentar o termo mais importante por último, não por qualquer sentimento de arte, mas pela comodidade adquirida em manter um controle firme do lugar das unidades, permitindo-nos omitir alguns zeros, formalmente necessários.

Mas quando nos aproximamos adicionando gradualmente os termos sucessivos de uma série infinita, de que estamos nos aproximando? A dificuldade é que a série não tem "soma" no sentido direto da palavra, porque a operação de somar seus termos nunca pode ser concluída. A resposta é que estamos nos aproximando do limite do somatório da série, e devemos agora prosseguir para explicar o que é o "limite" de uma série.

A somatória de uma série se aproxima de um limite quando a soma de qualquer número de seus termos, desde que esse número seja grande o bastante, é praticamente igual ao limite que você se preocupa em atingir. Mas esta descrição do significado de aproximar-se de um limite evidentemente não suportará o escrutínio vigoroso da matemática moderna. O que significa *grande o bastante*, *praticamente igual*, e que *você se preocupa em atingir*? Todas essas frases vagas devem ser explicadas em termos das idéias abstratas simples que são as únicas admitidas na matemática pura.

Considere os termos sucessivos de uma série como u_1, u_2, u_3, ..., u_n, etc., de forma que u_n é o n-ésimo termo da série. Considere também s_n como sendo a soma dos primeiros n termos, para qualquer que seja n. De modo que

$$s_1 = u_1, s_2 = u_1 + u_2, s_, = u_1 + u_2 + u_3 \text{ e}$$
$$s_, = u_1 + u_2 + u_3 + \ldots + u_n.$$

Então, os termos s_1, s_2, s_3, ..., s_n,..., formam uma nova série, e a formação dessa série é o processo de somatório da série original. Então, a "aproximação" da soma da série original a um "limite" significa a "aproximação dos termos dessa nova série a um limite". E agora temos que explicar o que queremos dizer com a aproximação de um limite dos termos de uma série.

Agora, lembrando a definição (dada no capítulo XII) do *padrão de aproximação*, a idéia de um limite significa o seguinte: l é o limite dos termos da série s_1, s_2, s_3, ..., s_n,... se, correspondendo a cada número real k, considerado como padrão de aproximação, um termo s_n da série pode ser encontrado de modo que todos os termos sucessivos (ou seja, s_{n+1}, s_{n+2}, etc.) se aproximam de l dentro desse padrão de aproximação. Se outro padrão menor k^1 for escolhido, o termo s_n pode estar muito atrás na série e um termo posterior s_m com a propriedade acima será encontrado.

Se essa propriedade se mantiver, é evidente que à medida que você vai passando pela a série $s_1, s_2, s_3, \ldots, s_n, \ldots$, da esquerda para a direita, depois de um tempo você chega a termos que estão *todos* mais próximos de l do que qualquer número que você possa querer atribuir. Em outras palavras, você se aproxima de l o quanto quiser. A estreita conexão dessa definição do limite de uma série com a definição de uma função contínua dada no capítulo XI pode ser imediatamente percebida.

Em seguida, voltando à série original $u_1, u_2, u_3, \ldots, u_n, \ldots$, o limite dos termos da série $s_1, s_2, s_3, \ldots, s_n, \ldots$, é chamado de "soma ao infinito" da série original. Mas é evidente que esse uso da palavra "soma" é muito artificial, e não devemos assumir as propriedades análogas às da soma ordinária de um número finito de termos sem alguma investigação especial.

Vejamos um exemplo de "soma ao infinito". Considere o decimal recorrente $0,1111\ldots$. Este decimal é apenas uma forma de simbolizar a "soma ao infinito" da série $0,1$, $0,01$, $0,001$, $0,0001$, etc. A série correspondente encontrada pela soma é $s_1 = 0,1, s_2 = 0,11, s_3 = 0,111, s_4 = 0,1111$, etc. O limite dos termos da série é $\frac{1}{9}$; isto é fácil de ver pela simples divisão, pois

$$\frac{1}{9} = 0,1 + \frac{1}{90} = 0,11 + \frac{1}{900} = 0,111 + \frac{1}{9000} = etc.$$

Assim, se $\frac{3}{17}$ é dado (o k da definição), $0,1$ e todos os termos subsequentes diferem de $\frac{1}{9}$ por menos que $\frac{3}{17}$; se $\frac{1}{1000}$ (outra escolha para o k da definição) $0,111$ e todos os termos subsequentes diferem de $\frac{1}{9}$ por menos que $\frac{1}{1000}$; e assim por diante, qualquer que seja a escolha feita para k.

É evidente que nada do que foi dito dá a menor idéia de como a "soma ao infinito" de uma série pode ser encontrada. Nós apenas declaramos as condições que tal número deve satisfazer. Na verdade, um método geral para encontrar, em todos os casos, a soma ao infinito de uma série está intrinsecamente fora de questão, pela simples razão de que tal "soma", como aqui definida, nem sempre existe. As séries que possuem uma soma até o infinito são chamadas de *convergentes* e aquelas que não possuem uma soma até o infinito são chamadas de *divergentes*.

Um exemplo óbvio de série divergente é 1, 2, 3, ..., n, ..., ou seja, a série dos inteiros em ordem de magnitude. Para qualquer número l que você tente escolher como sua soma ao infinito, e para qualquer padrão k de aproximação que você escolher, tomando termos suficientes da série, você sempre poderá fazer sua soma diferir de l por um valor maior que k. Outro exemplo de série divergente é 1, 1, 1, etc., ou seja, a série na qual cada termo é igual a 1. Então a soma de n termos é n, e essa soma cresce sem limite à medida que n aumenta. Um outro exemplo de série divergente é 1, -1, 1, -1, 1, -1, etc., isto é, a série na qual os termos são, alternadamente, 1 e -1. A soma de um número ímpar de termos é 1 e de um número par de termos é 0. Assim, os termos da série $s_1, s_2, s_3, ..., s_n, ...$, não se aproximam de um limite, apesar de eles não aumentarem ilimitadamente.

É tentador supor que a condição $u_1, u_2, u_3, ..., u_n, ...$, tem uma soma ao infinito é que u_n deve diminuir indefinidamente à medida que n aumenta. A matemática seria uma ciência muito mais fácil do que é, se fosse esse o caso. Infelizmente, a suposição não é verdadeira.

Por exemplo, a série

$$1, \frac{1}{2}, \frac{1}{3}, \frac{1}{4}, ..., \frac{1}{n}, ...$$

é divergente. É fácil ver que esse é o caso; ao considerar a soma de n termos que começam no termo $(n+1)^{ésimo}$. Esses n termos são $\frac{1}{n+1}, \frac{1}{n+2}, \frac{1}{n+3}, ..., \frac{1}{2n}$: existe n deles, e o último deles é $\frac{1}{2n}$. Assim, sua soma é maior que n vezes $\frac{1}{2n}$, isto é, maior que $\frac{1}{2}$. Agora, sem alterar a soma ao infinito, se ela existir, nós podemos somar os termos vizinhos e obter a série,

$$1, \frac{1}{2}, \frac{1}{3}, + \frac{1}{4}, + \frac{1}{5} + \frac{1}{6} + \frac{1}{7} + \frac{1}{8}, \text{etc.}$$

que é, pelo que vimos acima, uma série cujos termos, após o $2^{\underline{o}}$, são maiores que os da série

$$1, \frac{1}{2}, \frac{1}{2}, \frac{1}{2}, \text{etc.},$$

onde todos os termos após o primeiro são iguais, mas essa série é divergente, uma vez que a série original é divergente.[12]

Esta questão de divergência mostra como devemos ser cuidadosos ao argumentarmos desde as propriedades da soma de um número finito de termos até a soma de uma série infinita. Para a propriedade mais elementar de um número finito de termos, é claro que eles possuem uma soma: mas mesmo esta propriedade fundamental não é necessariamente possuída por uma série infinita. Essa advertência apenas afirma que não devemos ser enganados pela sugestão do termo técnico "*soma* de uma série infinita". É comum indicar a soma de uma série infinita

$$u_1, u_2, u_3, \ldots, u_n, \ldots, \text{por}$$
$$u_1 + u_2 + u_3 + \ldots + u_n + \ldots.$$

Passamos agora a uma generalização da idéia de série, que a matemática, fiel ao seu método, faz com o uso da variável. Até agora,

---

[12] Se uma série com todos os seus termos positivos é convergente, a série modificada encontrada ao tornar alguns termos positivos e outros negativos de acordo com qualquer regra definida também é convergente. Cada um dos conjuntos de séries assim encontrados, incluindo a série original, é chamado de "absolutamente convergente". Mas é possível que uma série com termos parcialmente positivos e parcialmente negativos seja convergente, embora a série correspondente com todos os seus termos positivos seja divergente. Por exemplo, a série 1 - ½ + ⅓ - ¼ + etc., é convergente, embora tenhamos acabado de provar que 1 + ½ + ⅓ + ¼ + etc. é divergente. Tais séries convergentes, que não são absolutamente convergentes, são muito mais difíceis de lidar do que as séries absolutamente convergentes.

contemplamos apenas séries em que cada termo definido era um número definido. Mas também podemos generalizar, e fazer com que cada termo seja alguma expressão matemática contendo uma variável x. Assim, podemos considerar a série $1, x, x^2, x^3, ..., x^n, ...$ e a série

$$x, \frac{x^2}{2}, \frac{x^3}{3}, ..., \frac{x^n}{n}, ...$$

A fim de simbolizar a idéia geral de qualquer função, conceba uma função de x, digamos $f_n(x)$, que envolve em sua formação um número inteiro variável n, então, dando a n os valores 1, 2, 3, etc., em sucessão, obtemos a série

$$f_1(x), f_2(x), f_3(x), ..., f_n(x), ...$$

Tal série pode ser convergente para alguns valores de x e divergente para outros. De fato, é bastante raro encontrar uma série envolvendo uma variável x que seja convergente para todos os valores de x — pelo menos em qualquer caso em particular é muito inseguro supor que este seja o caso. Por exemplo, examinemos o mais simples de todos os exemplos, ou seja, a série "geométrica"

$$1, x, x^2, x^3, ..., x^n, ...$$

A soma dos n termos é dada por

$$s_n = 1 + x + x^2 + x^3 + ... + x^n.$$

Agora, multiplique ambos os lados por x e nós temos

$$xs_n = x + x^2 + x^3 + x^4 + ... + x^n + x^{n+1}.$$

Agora subtraia a última linha da linha superior e obteremos

$$s_n(1-x) = s_n - xs_n = 1 - x^{n+1},$$

e então (se x não for igual a 1),

$$s_n = \frac{1-x^{n+1}}{1-x} = \frac{1}{1-x} - \frac{x^{n+1}}{1-x}.$$

Agora, se x for numericamente menor que 1, para valores suficientemente grandes de n, $\frac{x^{n+1}}{1-x}$ é sempre numericamente menor que k, para qualquer k escolhido. Dessa forma, se x for numericamente menor que 1, a série 1, x, x^2, x^3, ..., x^n, ... é convergente, e $\frac{1}{1-x}$ é seu limite. Essa declaração é simbolizada por

$$\frac{1}{1-x} = s_n = 1 + x + x^2 + \ldots + x^n + \ldots, (-1 < x < 1).$$

Mas, se x é numericamente menor que 1, ou numericamente igual a 1, a série é divergente. Em outras palavras, se x está entre -1 e +1, a série é convergente; mas se x for igual a -1 ou +1, ou se x estiver fora do intervalo -1 a +1, então a série é divergente. Assim, a série é convergente em todos os "pontos" dentro do intervalo -1 a +1, excluindo os pontos finais.

Nesse estágio de nossa investigação, surge outra questão. Suponha que a série

$$f_1(x), f_2(x), f_3(x), \ldots, f_n(x), \ldots$$

é convergente para todos os valores de x dentro do intervalo a até b, ou seja, a série é convergente para qualquer valor de x que seja maior que a e menor que b. Além disso, suponha que queremos ter certeza de que ao nos aproximarmos do limite somamos termos suficientes para nos aproximarmos de algum padrão de aproximação k. Podemos sempre declarar algum número de termos, digamos n, tal que, se tomarmos n ou mais termos para formar a soma, então qualquer que seja o valor x dentro do intervalo, teremos satisfeito o padrão de aproximação desejado?

Às vezes podemos e às vezes não podemos fazer isto para cada valor de k. Quando podemos, a série é chamada uniformemente convergente durante todo o intervalo, e quando não podemos fazê-lo, a série é chamada não uniformemente convergente durante todo o intervalo. Faz uma grande diferença para as propriedades de uma série se ela é ou não uniformemente convergente através de um intervalo. Vamos ilustrar o assunto através do exemplo mais simples e dos números mais simples.

Considere a série geométrica

$$1 + x + x^2 + x^3 + \ldots + x^n + \ldots$$

Ela é convergente ao longo do intervalo -1 a $x + 1$, incluindo os valores finais $x = \pm 1$.

Mas não é uniformemente convergente ao longo deste intervalo. Pois, se $s_n(x)$ é a soma de n termos, provamos que a diferença entre $s_n(x)$ e o limite $\frac{1}{1-x}$ é $\frac{x^{n+1}}{1-x}$. Agora, suponha que n seja qualquer número de termos, digamos 20, e seja k qualquer padrão de aproximação atribuído, digamos 0,001. Então, considerando x como próximo o bastante de +1 ou próximo o suficiente de -1, podemos fazer com que o valor numérico de $\frac{x^{21}}{1-x}$ seja maior que 0,001. Assim, 20 termos não funcionarão em todo o intervalo, embora seja mais do que suficiente em algumas partes dele.

O mesmo raciocínio pode ser aplicado a qualquer outro número que tomarmos em vez de 20 e a qualquer padrão de aproximação em vez de 0,001. Então, a série geométrica $1 + x + x^2 + x^3 + \ldots + x^n + \ldots$ é não uniformemente convergente em *todo* seu intervalo de convergência -1 a +1. Mas se tomarmos qualquer intervalo menor em ambas as extremidades dentro do intervalo -1 a +1, a série geométrica é uniformemente convergente dentro dele. Por exemplo, considere o intervalo 0 a $+\frac{1}{10}$. Assim, qualquer valor para n que torne $\frac{x^{n+1}}{1-x}$ numericamente menor que k nesses limites para x também serve para todos os valores de x entre esses limites, pois acontece que $\frac{x^{n+1}}{1-x}$ diminui em valor numérico à medida que x diminui em valor numérico. Por exemplo, considere $k = 0,001$; então, colocando $x = \frac{1}{10}$, encontramos:

$$\text{para } n = 1, \frac{x^{n+1}}{1-x} = \frac{\left(\frac{1}{10}\right)^2}{1-\frac{1}{10}} = \frac{1}{90} = 0{,}0111\ldots,$$

$$\text{para } n = 2, \frac{x^{n+1}}{1-x} = \frac{\left(\frac{1}{10}\right)^3}{1-\frac{1}{10}} = \frac{1}{900} = 0{,}00111\ldots,$$

$$\text{para } n = 3, \frac{x^{n+1}}{1-x} = \frac{\left(\frac{1}{10}\right)^4}{1-\frac{1}{10}} = \frac{1}{9000} = 0{,}000111\ldots,$$

Assim, três termos bastam para todo o intervalo, embora, é claro, para algumas partes do intervalo seja mais do que o necessário. Observe que, porque $1 + x + x^2 + \ldots + x^n + \ldots$ é convergente (embora não uniformemente) ao longo do intervalo -1 a +1, para cada valor de x no intervalo pode ser encontrado algum número de termos n que irão satisfazer um padrão de aproximação desejado; mas, à medida que tomamos x cada vez mais perto do valor final +1 ou -1, valores cada vez maiores de n devem ser empregados.

É curioso que esta importante distinção entre convergência uniforme e não uniforme só tenha sido publicada em 1847 por Stokes, posteriormente, Sir George Stokes - e mais tarde, independentemente em 1850 por Seidel, um matemático alemão.

Os pontos críticos, onde entra a convergência não uniforme, não estão necessariamente nos limites do intervalo ao longo do qual a convergência se mantém. Esta é uma especialidade pertencente às séries geométricas.

No caso da série geométrica $1 + x + x^2 + \ldots + x^n + \ldots$ uma expressão algébrica simples, $\frac{1}{1-x}$, pode ser dada para seu limite em seu intervalo de convergência. Mas nem sempre é assim. Frequentemente, podemos provar que uma série é convergente dentro de um certo intervalo, embora não saibamos mais nada sobre seu limite, exceto que é o limite da série. Mas esta é uma maneira muito boa de definir uma função; isto é, como o limite de uma série convergente infinita, e é, de fato, a maneira pela qual a maioria das funções são, ou deveriam ser, definidas.

Assim, a série mais importante na análise elementar é

$$1 + x + \frac{x^2}{2!} + \frac{x^3}{3!} + \ldots + \frac{x^n}{n!} + \ldots,$$

onde $n!$ tem o significado definido anteriormente neste capítulo. Esta série pode ser provada como absolutamente convergente para todos os valores de x, e como uniformemente convergente dentro de qualquer intervalo que gostaríamos de tomar. Portanto, ela tem todas as propriedades matemáticas que uma série deve ter. Ela é chamada de série exponencial. Denotamos sua soma ao infinito por $\exp x$. Assim, pela definição,

$$\exp x = 1 + x + \frac{x^2}{2!} + \frac{x^3}{3!} + \ldots + \frac{x^n}{n!} + \ldots$$

$\exp x$ é chamada de função exponencial.

É bastante fácil provar, com um pouco de conhecimento de matemática elementar, que

$$(\exp x) \times (\exp y) = \exp(x + y) \ldots (A)$$

Em outras palavras, que

$$(\exp x) \times (\exp y) =$$
$$1 + (x + y) + \frac{(x+y)^2}{2!} + \frac{(x+y)^3}{3!} + \cdots + \frac{(x+y)^n}{n!} + \ldots$$

Esta propriedade (A) é um exemplo do que é chamado de teorema da adição. Quando qualquer função [digamos $f(x)$] foi definida, a primeira coisa que fazemos é tentar expressar $f(x + y)$ em termos de funções conhecidas de x apenas, e funções conhecidas de y apenas. Se pudermos fazer isso, o resultado é chamado de teorema da adição. Teoremas da adição desempenham um grande papel na análise matemática. Assim, o teorema de adição para o seno é dado por

$$sen(x + y) = sen\, x \cos y + \cos x\, sen\, y\,,$$

e para o cosseno é dado por

$$\cos(x+y) = \cos x \cos y - \sen x \sen y.$$

Na verdade, as melhores maneiras de definir sen x e cos x não são pelos métodos geométricos elaborados do capítulo anterior, mas como os limites, respectivamente, das séries

$$x - \frac{x^3}{3!} + \frac{x^5}{5!} - \frac{x^7}{7!} + \text{etc...}, \text{ e}$$
$$1 - \frac{x^2}{2!} + \frac{x^4}{4!} - \frac{x^6}{6!} + \text{etc...},$$

sendo assim, escrevemos

$$\sen x = x - \frac{x^3}{3!} + \frac{x^5}{5!} - \frac{x^7}{7!} + \text{etc...},$$
$$\cos x = 1 - \frac{x^2}{2!} + \frac{x^4}{4!} - \frac{x^6}{6!} + \text{etc...},$$

Essas definições são equivalentes às definições geométricas, e ambas as séries podem ser comprovadas como convergentes para todos os valores de x, e uniformemente convergentes em qualquer intervalo. Essas séries de seno e cosseno têm uma semelhança geral com as séries exponenciais fornecidas acima. Elas estão, de fato, intimamente ligadas por meio da teoria dos números imaginários explicada nos Capítulos VII e VIII.

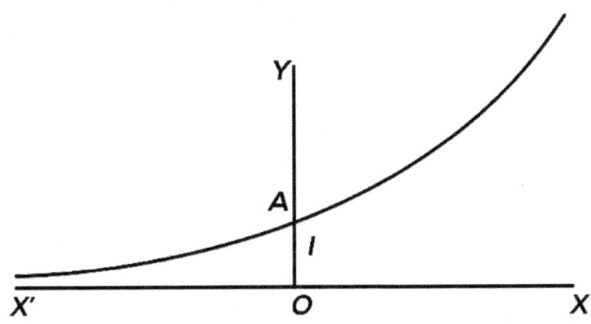

Fig. 29

O gráfico da função exponencial é dado na fig. 29. Ele corta o eixo OY no ponto $y = 1$, como evidentemente deveria fazer, visto que quando $x = 0$ todos os termos da série, exceto o primeiro, são zero. A importância da função exponencial é que ela representa qualquer quantidade física variável cuja taxa de crescimento em qualquer instante é uma porcentagem uniforme de seu valor naquele instante. Por exemplo, o gráfico acima representa o tamanho em qualquer momento de uma população com uma taxa de natalidade uniforme, uma taxa de mortalidade uniforme e sem emigração, onde o x corresponde ao tempo contado de qualquer dia conveniente, e o y representa a população à escala apropriada. A escala deve ser tal que a OA apresente novamente a população na data que é tomada como a origem. Mas aqui chegamos à idéia de "taxas de aumento", que é um tópico para o próximo capítulo.

Uma função importante quase aliada à função exponencial é encontrada colocando $-x^2$ para x como o argumento na função exponencial. Assim, obtemos $\exp.(-x^2)$. O gráfico $y = \exp.(-x^2)$ é dado na fig. 30.

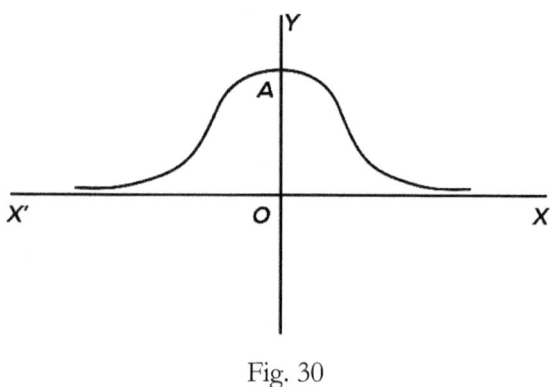

Fig. 30

A curva, que parece um chapéu armado, é chamada de curva do erro normal. Sua função correspondente é de vital importância para a teoria estatística e nos diz, em muitos casos, os tipos de desvios dos resultados médios que devemos esperar.

Outra função importante é encontrada combinando a função

exponencial com o seno, desta forma:

$$y = exp\,(-cx) \times sen\,\frac{2\pi x}{p}$$

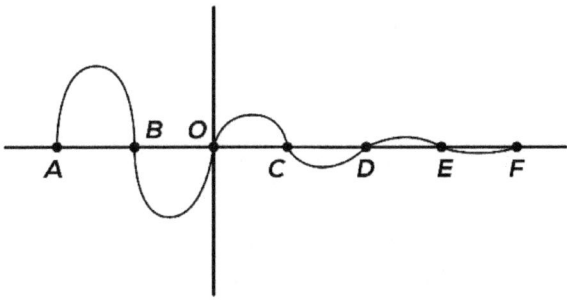

Fig. 31

Seu gráfico é dado na fig. 31. Os pontos A, B, O, C, D, E, F são colocados em intervalos iguais $\frac{1}{2}p$, e uma série interminável deles deve ser desenhada para frente e para trás. Esta função representa a dissipação das vibrações sob a influência do atrito ou das forças de "amortecimento". Além do atrito, as vibrações seriam periódicas, com período p; mas a influência da fricção torna a extensão de cada vibração menor do que a anterior em uma porcentagem constante dessa extensão. Essa combinação da idéia de "periodicidade" (que requer o seno ou cosseno para o seu simbolismo) e de "percentagem constante" (que requer a função exponencial para o seu simbolismo) é a razão da forma desta função, nomeadamente, a sua forma como um produto de uma função seno em uma função exponencial.

CAPÍTULO XV
CÁLCULO DIFERENCIAL

A invenção do cálculo diferencial marca uma crise na história da matemática, O progresso da ciência é dividido entre períodos caracterizados por uma lenta acumulação de idéias e períodos em que, graças ao novo acervo de idéias até então reunido, algum gênio, pela invenção de um novo método ou por meio de um novo ponto de vista, de repente transforma todo esse assunto em algo de nível superior. Esses períodos contrastantes no progresso da história do pensamento são comparados por Shelley à formação de uma avalanche.

"A avalanche despertada pelo sol! Cuja massa,
Três vezes crivada pela tempestade, havia se reunido ali
Floco após floco, — em mentes que desafiam os céus
Tal como pensamento após pensamento é empilhado, até que alguma grande verdade
Seja solta, e as nações a ecoem ao redor, [...]"

A comparação será de algum valor. A explosão de luz solar que desperta a avalanche não é necessariamente superior em magnitude se comparada com os outros poderes da natureza que presidiram sua lenta formação. O mesmo é verdade na ciência. O gênio que tem a sorte de produzir a idéia final que transforma toda uma área do pensamento não supera necessariamente todos os seus predecessores que trabalharam na formação preliminar das idéias. Ao considerarmos a história da ciência, seria bobo e ingrato restringir nossa admiração àqueles homens que fizeram os avanços finais em direção à uma nova época.

No caso particular diante de nós, o assunto teve uma longa história antes de assumir sua forma final nas mãos de seus dois inventores. Há alguns traços de seus métodos mesmo entre os matemáticos gregos, e finalmente, pouco antes da produção final do assunto, Fermat (nascido em 1601 D.C., e falecido em 1665 D.C.), um distinto matemático francês, havia progredido tanto em relação às idéias anteriores que o assunto quase foi criado por ele. Fermat pode ser considerado também como o inventor conjunto da geometria analítica em companhia de seu contemporâneo e compatriota, Descartes. De fato, foi Descartes quem captou as novas idéias do mundo da ciência, mas Fermat chegou a elas de forma independente.

Não precisamos, entretanto, deixar de admirar Newton ou Leibniz. Newton era um matemático e um estudante de ciências físicas, Leibniz era um matemático e um filósofo, e cada um deles em seu próprio departamento de pensamento era um dos maiores gênios que o mundo conheceu. A invenção conjunta foi ocasião de uma disputa infeliz e pouco digna de crédito. Newton estava usando os métodos de Fluxions, como ele chamou o assunto, em 1666, e o empregou na composição de seu Principia, embora no trabalho como impresso qualquer notação algébrica especial seja evitada. Mas ele não publicou uma declaração direta de seu método até 1693. Leibniz publicou sua primeira declaração em 1684. Ele foi acusado pelos amigos de Newton de tê-la obtido de um manuscrito, por meio de Newton, que lhe foi mostrado em privado. Leibniz também acusou Newton de ter plagiado dele. Agora não há muitas dúvidas de que ambos deveriam ter o crédito de serem descobridores independentes. O assunto havia chegado a um estágio em que estava maduro para ser descoberto, e não há nada de surpreendente no fato de que dois homens tão capazes o tenham encontrado independentemente.

Estas descobertas conjuntas são bastante comuns na ciência. Em geral, as descobertas não são feitas antes de serem conduzidas pela tendência anterior do pensamento e, nessa época, muitas mentes estavam em busca de uma idéia importante. Se nos limitarmos às descobertas em que os ingleses estão envolvidos, a enunciação simultânea da lei da seleção natural por Darwin e Wallace e a descoberta simultânea de Netuno por Adams e o astrônomo francês, Leverrier, ocorrem imediatamente à mente. As disputas, quanto a quem o crédito deve ser dado, são frequentemente influenciadas por um espírito indigno de nacionalismo. A reflexão realmente inspiradora sugerida pela história da matemática é a unidade de pensamento e interesse entre homens de várias épocas, de várias nações, e de várias raças. Índios, egípcios, assírios, gregos, árabes, italianos, franceses, alemães, ingleses e russos, todos deram contribuições essenciais para o progresso da ciência.

A importância do cálculo diferencial surge da própria natureza do assunto, que é a consideração sistemática das taxas de aumento das funções. Esta idéia nos é apresentada imediatamente pelo estudo da natureza; velocidade é a taxa de aumento da distância percorrida, e aceleração é a taxa de aumento da velocidade. Assim, a idéia fundamental de mudança, que está na base de toda a nossa percepção dos fenômenos, sugere imediatamente o questionamento sobre a taxa de mudança. Os termos familiares de "rapidamente" e "lentamente" ganham seu significado a partir de uma referência tácita às taxas de mudança. Assim, o cálculo diferencial está preocupado com a essência da posição a partir da qual a matemática pode ser aplicada com sucesso na explicação do curso da natureza.

Essa idéia da taxa de mudança certamente estava na mente de Newton e foi incorporada na linguagem em que ele explicou o assunto. Pode-se duvidar, entretanto, se esse ponto de vista, derivado dos fenômenos naturais, sempre esteve presente nas mentes dos matemáticos anteriores que prepararam o assunto para seu nascimento. Eles estavam preocupados com os problemas mais abstratos de traçar tangentes às curvas, de encontrar os comprimentos das curvas e de encontrar as áreas delimitadas por curvas. Os dois últimos problemas, da retificação das curvas e da quadratura das curvas, como são nomeados, pertencem ao Cálculo Integral, que está, entretanto, envolvido no mesmo assunto geral que o Cálculo Diferencial.

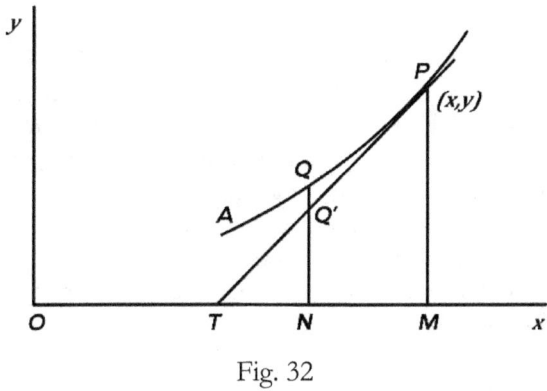

Fig. 32

A introdução da geometria analítica faz os dois pontos de vista convergirem. Assim (*cf.* Fig. 32), considere AQP como uma linha curva qualquer e PT como a tangente no ponto P dela. Considere os eixos coordenados como OX e OY; e faça que $y = f(x)$ seja a equação da curva, de modo que $OM = x$, e $PM = y$. Agora, faça com que Q seja um ponto móvel qualquer na curva, com coordenadas x_1, y_1; então, $y_1 = f(x_1)$. E considere Q' como sendo o ponto na tangente com a mesma abscissa x_1. Suponha que as coordenadas de Q' são x_1 e y'. Agora, suponha que N se mova ao longo do eixo OX da esquerda para a direita com uma velocidade uniforme; então é fácil ver que a ordenada y' do ponto Q' na tangente TP também aumenta uniformemente à medida que Q' se move ao longo da tangente de maneira correspondente. Na verdade, é fácil ver que a razão entre a taxa de crescimento de $Q'N$ e a taxa de crescimento de ON está na razão de $Q'N$ para TN, que é a mesma em todos os pontos da linha reta. Mas a taxa de crescimento de QN, que é a taxa de crescimento de $f(x_1)$, varia de ponto para ponto da curva, até onde ela não for reta. Quando Q passa pelo ponto P, a taxa de crescimento de $f(x_1)$ (onde x_1 coincide com x no momento) é a mesma que a taxa de crescimento de y' na tangente em P. Portanto, se tivermos um método geral para determinar a taxa de crescimento de uma função $f(x)$ de uma variável x, podemos determinar a inclinação da tangente em qualquer ponto (x, y) em uma curva, e daí podemos desenhá-la. Assim, os problemas de traçar tangentes a uma curva e de determinar as taxas de aumento de uma função são realmente idênticos.

Notar-se-á que, como nos casos das Secções Cônicas e da Trigonometria, o mais artificial dentre dois pontos de vista é aquele em que o assunto teve sua origem. O aspecto realmente fundamental da ciência só subiu à tona comparativamente tarde. É uma generalização histórica bem fundamentada que a última coisa a ser descoberta em qualquer ciência é o que a ciência realmente é. Os homens continuam a apalpar durante séculos, guiados apenas por um instinto obscuro e uma curiosidade confusa, até que, finalmente, "alguma grande verdade é solta".

Tomemos alguns casos especiais para nos familiarizarmos com o tipo de idéias que queremos tornar precisas. Um trem está em movimento — como determinaremos sua velocidade em algum instante, digamos, ao meio-dia? Podemos considerar um intervalo de cinco minutos, incluindo meio-dia, e medir a distância que o trem percorreu nesse período. Suponhamos que encontremos cinco milhas, podemos então concluir que o trem estava rodando a uma velocidade de 60 milhas por hora. Mas cinco milhas é uma longa distância, e não podemos ter certeza de que exatamente ao meio-dia o trem estava se movendo a este ritmo. Ao meio-dia pode ter corrido a 70 milhas por hora, e depois o freio pode ter sido ativado. Será mais seguro trabalhar com um intervalo menor, digamos um minuto, o que inclui meio-dia, e medir o espaço percorrido durante esse período. Mas para alguns propósitos pode ser necessária maior precisão, e um minuto pode ser muito longo. Na prática, a imprecisão necessária de nossas medições torna inútil tomar um período muito pequeno para medir. Mas, em teoria, quanto menor o período, melhor, e somos tentados a dizer que para uma precisão ideal é necessário um período infinitamente pequeno. Os matemáticos mais antigos, em particular Leibniz, não apenas foram tentados, mas cederam à tentação e disseram isso. Mesmo hoje essa é uma maneira útil de falar, desde que saibamos como interpretá-la na linguagem do bom senso. É curioso que, em sua exposição dos fundamentos do cálculo, Newton, o cientista natural, seja muito mais filosófico do que Leibniz, o filósofo, e que, por outro lado, seja Leibniz quem forneceu a admirável notação que foi tão essencial para o progresso do assunto.

Agora consideraremos outro exemplo dentro da região da matemática pura. Vamos prosseguir para encontrar a taxa de crescimento da função x^2 para qualquer valor de x de seu argumento. Ainda não definimos realmente o que entendemos por taxa de crescimento. Tentaremos apreender seu significado em relação a este caso particular. Quando x cresce até $x + h$, a função x^2 cresce até $(x + h)^2$; de forma que o crescimento total é $(x + h)^2 - x^2$, devido a um aumento h no argumento. Portanto, ao longo de todo o intervalo x até $(x + h)$, o crescimento médio da função por unidade de crescimento do argumento é $\frac{(x+h)^2 - x^2}{h}$.
Mas

$$(x + h)^2 = x^2 + 2hx + h^2,$$

e então

$$\frac{(x+h)^2 - x^2}{h} = \frac{2hx + h^2}{h} = 2x + h.$$

Assim, $2x + h$ é o crescimento médio da função x^2 por unidade de aumento no argumento, sendo a média assumida pelo intervalo x até $x + h$. Mas, $2x + h$ depende de h, que é o tamanho do intervalo. Obviamente, conseguiremos o que queremos, ou seja, a taxa de aumento no valor x do argumento, diminuindo cada vez mais o valor h. Portanto, *no limite*, quando h *diminui indefinidamente*, dizemos que $2x$ é a taxa de crescimento de x^2 no valor x do argumento.

Aqui, mais uma vez, somos aparentemente levados de encontro à idéia de quantidades infinitamente pequenas ao usar as palavras "no limite, quando h diminui indefinidamente". Leibniz sustentava que, por mais misterioso que possa parecer, existem de fato coisas como quantidades infinitamente pequenas, e claro, números infinitamente pequenos correspondentes a elas. A linguagem e as idéias de Newton estavam mais na linha moderna; mas ele não conseguiu explicar o assunto com tanta explicitação de modo a estar evidentemente fazendo mais do que explicar as idéias de Leibniz em uma linguagem bastante indireta. A explicação real do assunto foi dada pela primeira vez por Weierstrass e pela Escola de Matemática de Berlim em meados do século XIX. Mas entre Leibniz e Weierstrass havia crescido uma literatura abundante, tanto matemática quanto filosófica, em torno dessas misteriosas quantidades infinitamente pequenas que a matemática havia descoberto e a filosofia passou a explicar. Alguns filósofos, o bispo Berkeley por exemplo, negaram corretamente a validade de toda a idéia, embora por razões diferentes daquelas aqui indicadas. Mas o fato curioso é que, apesar de todas as críticas aos fundamentos do assunto, não havia dúvidas de que o procedimento matemático estava substancialmente correto. Na verdade, o assunto estava certo, embora as explicações estivessem erradas. É essa possibilidade de estar certo, embora dando explicações totalmente erradas sobre o que está sendo feito, que tantas vezes leva à críticas externas que se destinam a parar a busca por um método singularmente estéril e fútil no progresso da ciência. O instinto de observadores treinados e seu senso de curiosidade, devido ao fato de que estão obviamente chegando a algo, são guias muito mais seguros. De qualquer forma, o efeito geral do sucesso do Cálculo Diferencial foi gerar uma grande quantidade de má filosofia, centrada em torno da idia do infinitamente pequeno. As relíquias dessa verborreia ainda podem ser encontradas nas explicações de muitos dos livros matemáticos elementares sobre o Cálculo Diferencial. É uma regra segura para se aplicar aquela que afirma que, quando um matemático ou filósofo escreve com uma profundidade nebulosa, ele está falando besteira.

Newton teria formulado a questão dizendo que, à medida que h se aproxima de zero, no limite, $2x + h$ se torna $2x$. É nossa tarefa explicar esta afirmação para mostrar que, na realidade, ela não assume de forma dissimulada a existência das quantidades infinitamente pequenas do Leibniz. Ao ler a afirmação newtoniana, é tentador buscar a simplicidade dizendo que $2x + h$ se torna $2x$, quando h é zero. Mas isso não nos servirá; pois assim se suprime o intervalo de x a $x + h$, sobre o qual foi calculado o aumento médio. O problema é: como manter um intervalo de comprimento h sobre o qual calcular o aumento médio, e, ao mesmo tempo, tratar h como se fosse zero? Newton fez isto através da concepção de um limite, e agora procedemos a dar a explicação de Weierstrass sobre seu real significado.

Em primeiro lugar, observe que, ao discutirmos $2x + h$, consideramos x como fixo em valor e h como variável. Em outras palavras, x tem sido tratado como uma variável "constante", ou parâmetro, como explicado no Capítulo IX; e temos realmente considerado $2x + h$ como uma função do argumento h. Assim, podemos generalizar a pergunta em questão, e perguntar o que queremos dizer ao afirmar que a função $f(h)$ tende ao limite l, digamos, uma vez que seu argumento h tende ao valor zero. Mas novamente veremos que o valor especial, zero para o argumento, não pertence à essência do assunto; e, assim, poderemos generalizar ainda mais, e perguntar o que queremos dizer ao dizer que a função $f(h)$ tende para o limite l enquanto h tende para o valor a.

Agora, de acordo com a explicação de Weierstrass, a idéia de tender para o valor, embora dê uma espécie de imagem metafórica do que estamos buscando, está realmente fora de questão. De fato, é bastante óbvio que, uma vez que conservemos algo como "h tendendo para a" como idéia fundamental, estaremos realmente nas garras da idéia de infinitamente pequeno; pois assim implicamos a noção de h estar infinitamente próximo de a. É exatamente disso que queremos nos livrar.

Assim, devemos mais uma vez reiterar nossa frase que deve ser explicada, e perguntar o que queremos dizer ao afirmar que o limite da função $f(h)$ em a é l.

O limite de $f(h)$ em a é uma propriedade do vizinho de a, onde "vizinhança" é usado no sentido definido no Capítulo XI durante a discussão sobre a continuidade das funções. O valor da função $f(h)$ em a é $f(a)$; mas o limite é distinto quanto à idéia do valor, e pode ser diferente dele, e pode existir quando o valor não tiver sido definido. Também usaremos o termo "padrão de aproximação" no sentido em que é definido no Capítulo XI. De fato, na definição de "continuidade" dada no final desse capítulo, praticamente definimos um limite. A definição de um limite é: A função $f(x)$ tem o limite l em um valor a de seu argumento x quando, na vizinhança de a, seus valores se aproximam de l de acordo com *todos os p*adrões de aproximação.

Compare esta definição com aquela já existente dada para a continuidade, a saber: uma função $f(x)$ é contínua em um valor a de seu argumento quando, na vizinhança de a, seus valores se aproximam de seu valor em a usando *todos* os padrões de aproximação.

É imediatamente evidente que uma função é contínua quando (i) ela possui um limite em a e (ii) esse limite é igual a seu valor em a. Assim, as ilustrações de continuidade que foram dadas no final do Capítulo XI são ilustrações da idéia de um limite, ou seja, todas elas foram direcionadas para provar que $f(a)$ era o limite de $f(x)$ em a para as funções consideradas e para o valor de a considerado. É realmente mais instrutivo considerar o limite em um ponto em que uma função não é contínua. Por exemplo, considere a função da qual o gráfico é dado na fig. 20 do Capítulo XI. Essa função $f(x)$ foi definida para ter 1 como valor em todos os valores de seus argumentos, exceto para os inteiros 0, 1, 2, 3, etc., e para esses inteiros ela tem o valor 0. Agora, vamos pensar em seu limite quando $x = 3$. Percebemos que dentro da definição do limite o valor da função em a (neste caso, $a = 3$) está excluído. Mas, excetuando em $f(3)$, os valores de $f(x)$, quando x está dentro de qualquer intervalo que (i) contém 3 não como seu ponto final, e (ii) não se estende demais até que chegue a 2 ou 4, são todos iguais a 1; e, assim sendo, esses valores se aproximam de 1 usando todos os padrões de aproximação. Então, 1 é o limite de $f(x)$ no valor 3 do argumento x, mas, por definição, $f(3) = 0$.

Esse é um exemplo de uma função que possui tanto um valor quanto um limite no valor 3 do argumento, mas o valor não é igual ao limite. No final do Capítulo XI, a função x^2 foi considerada no valor de 2 do argumento. Seu valor em 2 é 2^2, isto é, 4, e foi provado que seu limite também é 4. Sendo assim, aqui temos uma função com um valor e limite que são iguais.

Finalmente chegamos ao caso que é essencialmente importante para nossos propósitos, ou seja, para uma função que possui um limite, mas nenhum valor definido a um certo valor de seu argumento. Não precisamos ir longe para procurar tal função, $\frac{2x}{x}$ servirá para nossos propósitos. Agora, em qualquer livro de matemática, podemos encontrar a equação, $\frac{2x}{x} = 2$ escrita sem hesitação ou comentário. Mas há uma dificuldade nela; pois, quando x é igual a zero, $\frac{2x}{x} = \frac{0}{0}$; e $\frac{0}{0}$ não tem significado definido. Sendo assim, o valor da função $\frac{2x}{x}$ quando $x = 0$ não tem significado definido. Mas para todos os outros valores de x o valor da função $\frac{2x}{x}$ é 2. Assim, o limite de $\frac{2x}{x}$ quando $x = 0$ é 2, e ela não tem valor em 0. De modo similar, o limite de $\frac{x^2}{x}$ quando $x = a$ é a, para qualquer valor de a, Sendo assim, o limite de $\frac{x^2}{x}$ quando $x = 0$ é 0. Mas o valor de $\frac{x^2}{x}$ quando $x = 0$ assume a forma $\frac{0}{0^2}$, que não tem significado definido. Sendo assim, a função $\frac{x^2}{x}$, em 0, tem um limite mas não tem um valor.

Agora voltamos ao problema a partir do qual começamos essa discussão sobre a natureza de um limite: como vamos definir a taxa de crescimento da função x^2 para qualquer valor de seu argumento x. Nossa resposta é que essa taxa de crescimento é o limite da função $\frac{(x+h)^2 - x^2}{h}$ no valor zero para seu argumento h. (Perceba que aqui x está sendo considerado como uma "constante".) Vamos ver como essa resposta funciona à luz de nossa definição de limite. Nós temos

$$\frac{(x+h)^2 - x^2}{h} = \frac{2hx + h^2}{h} = \frac{h(2x+h)}{h}.$$

Agora, ao buscar o limite de $\frac{h(2x+h)}{h}$ no valor do argumento h, percebemos que o valor da função em $h = 0$ não existe. Mas, para todos os valores de h, exceto $h = 0$, podemos dividir por h. Sendo assim, o limite de $\frac{h(2x+h)}{h}$ em $h = 0$ é o mesmo do limite de $2x + h$ quando $h = 0$. Agora, para qualquer padrão de aproximação k que escolhermos, ao considerarmos o intervalo $-\frac{1}{2}k$ até $\frac{1}{2}k$, vemos que, para os valores de k dentro do padrão, $2x + h$ difere de $2x$ por menos que $\frac{1}{2}k$. Isso é verdadeiro para *qualquer* padrão k. Então, na vizinhança do valor de 0 para h, $2x + h$ se aproxima de $2x$ por meio de cada padrão de aproximação, e, sendo assim, $2x$ é o limite de $2x + h$ quando $h = 0$. Dessa forma, de acordo com o que foi visto acima, $2x$ é o limite de $\frac{(x+h)^2-x^2}{h}$ no valor de 0 para h. Segue-se, então, que $2x$ é o que chamamos de taxa de crescimento de x^2 no valor x do argumento. Este método nos conduz à mesma taxa de crescimento para x^2 que a maneira Leibniziana de fazer crescer o h "infinitamente pequeno".

Os termos mais abstratos "coeficiente diferencial", ou "função derivada", são geralmente usados para o que temos chamado até agora de "taxa de crescimento" de uma função. A definição geral é a seguinte: o coeficiente diferencial da função $f(x)$ é o limite, se ele existir, da função $\frac{f(x+h)-f(x)}{h}$ do argumento h no valor 0 de seu argumento.

Como nós, por esta definição e pela definição subsidiária de um limite, realmente conseguimos evitar a noção de "números infinitamente pequenos" que tanto preocupou nossos ancestrais matemáticos? Para eles, a dificuldade surgiu porque, por um lado, tinham que usar um intervalo x a $x + h$ para calcular o crescimento médio e, por outro lado, queriam finalmente colocar $h = 0$. O resultado foi que eles pareciam ter caído na noção de um intervalo existente de tamanho zero. Como evitamos essa dificuldade? Utilizamos a noção de que, correspondendo a *qualquer* padrão de aproximação, *algum* intervalo com tais e tais propriedades pode ser encontrado. A diferença é que compreendemos a importância da noção de "a variável", e eles não o tinham feito. Assim, ao final de nossa exposição das noções essenciais da análise matemática, somos levados de volta às idéias com as quais, no Capítulo II, iniciamos nossa investigação: de que, em matemática, as idéias fundamentalmente importantes são as de *"algumas coisas"* e *"quaisquer coisas"*.

CAPÍTULO XVI
GEOMETRIA

A Geometria, como o resto da matemática, é abstrata. Nela as propriedades das formas e posições relativas das coisas são estudadas. Mas não precisamos considerar quem está observando as coisas, ou se ele as conhece pela vista, pelo toque ou pela audição. Em suma, ignoramos todas as sensações particulares. Além disso, coisas particulares como as Casas do Parlamento ou o globo terrestre são ignoradas. Cada proposição se refere a qualquer coisa com tais e tais propriedades geométricas. Claro que ajuda a nossa imaginação olhar para exemplos específicos de esferas, cones, triângulos e quadrados. Mas as proposições não se aplicam apenas às figuras reais impressas no livro, mas a quaisquer dessas figuras.

Assim, a geometria, como a álgebra, é dominada pelas idéias de *"qualquer"* e *"algumas"* coisas. Além disso, da mesma forma, estuda as inter-relações de conjuntos de coisas. Por exemplo, considere quaisquer dois triângulos **ABC** e **DEF**.

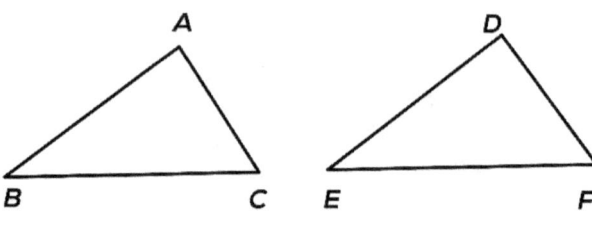

Fig. 33

Que relações devem existir entre algumas das partes desses triângulos, a fim de que os triângulos possam ser iguais em todos os aspectos? Esta é uma das primeiras investigações realizadas em todas as geometrias elementares. É um estudo de um certo conjunto de possíveis correlações entre os dois triângulos. A resposta é que os triângulos são em todos os aspectos iguais, se: (*a*) dois lados de um e o ângulo incluso são respectivamente iguais a dois lados e o ângulo incluso do outro; ou, (*b*) dois ângulos de um e o lado que os une são respectivamente iguais a dois ângulos, e o lado que os une, do outro: ou, (*c*) Três lados de um são, respectivamente, iguais a três lados do outro.

Essa resposta de imediato sugere uma nova indagação. Qual é a natureza da correlação entre os triângulos, quando os três ângulos de um são respectivamente iguais aos três ângulos do outro? Essa investigação nos leva a toda a teoria da semelhança (*cf.* Capítulo XIII), que é um outro tipo de correlação.

Mais uma vez, para tomar outro exemplo, considere a estrutura interna do triângulo *ABC*. Seus lados e ângulos estão inter-relacionados, o ângulo maior é oposto ao lado maior, e os ângulos de base de um triângulo isósceles são iguais. Se procedermos à trigonometria, esta correlação recebe uma determinação mais exata na forma familiar.

$$\frac{\operatorname{sen} A}{a} = \frac{\operatorname{sen} B}{b} = \frac{\operatorname{sen} C}{c},$$

$a^2 = b^2 + c^2 - 2bc \cos A$, que tem duas fórmulas similares.

Há também a correlação ainda mais simples entre os ângulos do triângulo, a saber, que sua soma é igual a dois ângulos retos; e entre os três lados, a saber, que a soma dos comprimentos de quaisquer dois é maior do que o comprimento do terceiro.

Portanto, o verdadeiro método para estudar geometria é pensar em figuras simples e interessantes, como o triângulo, o paralelogramo e o círculo, e investigar as correlações entre suas várias partes. O geômetra não tem em mente uma proposição destacada, mas uma figura com suas várias partes mutuamente interdependentes. Assim como na álgebra, ele generaliza o triângulo no polígono e o lado na secção cônica. Ou, seguindo uma rota inversa, ele classifica os triângulos por serem equiláteros, isósceles ou escalenos, e os polígonos por seu número de lados e as secções cônicas por serem hipérboles, elipses ou parábolas.

Os exemplos anteriores ilustram como as idéias fundamentais de geometria são exatamente as mesmas que as de álgebra; exceto que a álgebra lida com números e geometria com linhas, ângulos, áreas e outras entidades geométricas. Essa identidade fundamental é uma das razões pelas quais tantas verdades geométricas podem ser colocadas em um vestido algébrico. Assim, se A, B e C são os números de graus, respectivamente, nos ângulos do triângulo ABC, a correlação entre os ângulos é representada pela equação

$$A + B + C = 180°;$$

e se a, b, c forem o número de pés dos três lados, respectivamente, a correlação entre os lados é representada por $a < b + c$, $b < c + a$, $c < a + b$. As fórmulas trigonométricas citadas acima também são outros exemplos do mesmo fato. Assim, a noção da variável e a correlação de variáveis é tão essencial em geometria quanto em álgebra.

Mas o paralelismo entre geometria e álgebra pode ser levado ainda mais longe, devido ao fato de que comprimentos, áreas, volumes e ângulos são todos mensuráveis; de modo que, por exemplo, o tamanho de qualquer comprimento pode ser determinado pelo número (não necessariamente integral) de vezes que ele contém alguma unidade arbitrariamente conhecida, e, de maneira similar, também é assim para áreas, volumes e ângulos. As fórmulas trigonométricas, dadas acima, são exemplos deste fato. Mas elas recebem sua aplicação culminante em geometria analítica. Este grande tema é muitas vezes mal chamado de Secções Cônicas Analíticas, fixando assim a atenção em apenas uma de suas subdivisões. É como se a grande ciência da Antropologia fosse chamada de Estudo dos Narizes, devido ao fato de os narizes serem uma parte proeminente do corpo humano.

Embora os procedimentos matemáticos em geometria e álgebra sejam em essência idênticos e interligados em seu desenvolvimento, há necessariamente uma distinção fundamental entre as propriedades do espaço e as propriedades do número. De fato, há toda uma diferença essencial entre espaço e número. O "espaçamento" do espaço e a "numerosidade" do número são coisas essencialmente diferentes e devem ser apreendidas diretamente. Nenhuma das aplicações da álgebra à geometria ou da geometria à álgebra dá qualquer passo no caminho para obliterar essa distinção vital.

Uma diferença muito marcante entre espaço e número é que o primeiro parece ser muito menos abstrato e fundamental do que o último. O número dos arcanjos pode ser contado apenas porque eles são coisas. Quando soubemos que seus nomes são Rafael, Gabriel e Michael, e que esses nomes distintos representam seres distintos, sabemos sem mais dúvidas que existem três deles. Todas as sutilezas do mundo sobre a natureza das existências angelicais não podem alterar este fato, concedendo as premissas.

Mas ainda estamos totalmente no escuro quanto à sua relação com o espaço. Eles existem no espaço? Talvez seja igualmente absurdo dizer que eles estão aqui, ou ali, ou em qualquer lugar ou em todos os lugares. Sua existência pode simplesmente não ter relação com localidades no espaço. Assim, embora os números devam se aplicar a todas as coisas, o espaço não precisa fazer isso.

A percepção da localidade das coisas parece acompanhar, ou estar envolvida em muitas ou em todas, nossas sensações. Ela é independente de qualquer sensação particular, no sentido de que acompanha muitas sensações. Mas é uma peculiaridade especial das coisas que nós apreendemos por meio de nossas sensações. A apreensão direta do que queremos dizer com as posições das coisas em relação umas às outras é uma coisa *sui generis*, assim como a apreensão de sons, cores, gostos e cheiros. À primeira vista, portanto, parece que a matemática, na medida em que inclui a geometria em seu escopo, não é abstrata no sentido de que a abstração é atribuída a ela no Capítulo I.

Isso, entretanto, é um erro; a verdade é que o "espaçamento" do espaço não entra em nosso raciocínio geométrico. Ele entra nas intuições geométricas dos matemáticos de maneiras pessoais e peculiares a cada indivíduo. Mas o que entra no raciocínio são apenas certas propriedades das coisas no espaço, ou das coisas que formam o espaço, propriedades essas que são completamente abstratas no sentido em que abstrato foi definido no Capítulo I; essas propriedades não envolvem nenhuma apreensão espacial peculiar, intuição ou sensação espacial. Elas estão exatamente na mesma base que as propriedades matemáticas do número. Assim, a intuição do espaço, que é um auxílio tão essencial para o estudo da geometria, é logicamente irrelevante: ela não entra nas premissas quando são propriamente declaradas, nem em qualquer etapa do raciocínio. Tem a importância prática de um exemplo, essencial para estimular o nosso pensamento. Os exemplos são igualmente necessários para estimular nossos pensamentos sobre os números. Quando pensamos em "dois" e "três", vemos tacadas seguidas, ou bolas em uma pilha, ou alguma outra agregação física de coisas particulares. A peculiaridade da geometria é a fixidez e a esmagadora importância de um exemplo particular que ocorre às nossas mentes. A forma lógica abstrata das proposições, quando totalmente declaradas, é: "Se quaisquer coleções de coisas têm tais e tais propriedades abstratas, elas também têm tais e outras propriedades abstratas". Mas o que aparece diante dos olhos da mente é uma coleção de pontos, linhas, superfícies e volumes no espaço: esse exemplo surge inevitavelmente, e é o único exemplo que empresta à proposição o seu interesse, mas, apesar de toda a sua importância avassaladora, ele é apenas um exemplo.

A geometria, vista como uma ciência matemática, é uma divisão da ciência mais geral da ordem. Ela pode ser chamada de ciência da ordem dimensional; a qualificação "dimensional" foi introduzida porque as limitações, que a reduzem a apenas uma parte da ciência geral da ordem, são tais que produzem as relações regulares das linhas retas com os planos, e dos planos com todo o espaço.

É fácil compreender a importância prática do espaço na formação da concepção científica de um mundo físico externo. Por um lado, nossas percepções de espaço estão entrelaçadas em nossas diversas sensações e as conectam entre si. Normalmente julgamos que tocamos um objeto no mesmo lugar em que o vemos; e mesmo em casos anormais o tocamos no mesmo espaço em que o vemos, e esse é o verdadeiro fato fundamental que une nossas diversas sensações. Consequentemente, as percepções espaciais são, em certo sentido, a parte comum de nossas sensações. Acontece que as propriedades abstratas do espaço formam uma grande parte de tudo o que é de interesse espacial. Não é exagero dizer que a cada propriedade do espaço corresponde uma afirmação matemática abstrata. Para tomar o exemplo mais desfavorável, uma curva pode ter uma forma especial de beleza: mas a essa forma corresponderão algumas propriedades matemáticas abstratas que acompanham esta forma e nenhuma outra.

Assim, para resumir: (1) as propriedades do espaço que são investigadas na geometria, como as do número, são propriedades pertencentes às coisas como coisas, e sem referência especial a qualquer modo particular de apreensão: (2) a percepção do espaço acompanha nossas sensações, talvez todas elas, certamente muitas; mas não parece ser uma qualidade necessária das coisas que todas existam em um ou em qualquer espaço.

CAPÍTULO XVII
QUANTIDADE

No capítulo anterior, apontamos que os comprimentos são mensuráveis em termos de algum comprimento unitário, áreas em termos de uma área unitária e volumes em termos de um volume unitário.

Quando temos um conjunto de coisas, como comprimentos, que são mensuráveis em termos de qualquer uma delas, dizemos que são quantidades do mesmo tipo. Assim, comprimentos são quantidades do mesmo tipo, assim como áreas e volumes. Mas uma área não é uma quantidade do mesmo tipo que um comprimento, nem é do mesmo tipo que um volume. Vamos pensar um pouco mais sobre o que significa ser mensurável, tomando comprimentos como exemplo.

Os comprimentos são medidos pela régua. Ao transportar a régua de um lugar para outro, julgamos a igualdade de comprimentos. Três comprimentos adjacentes, cada um com um pé, formam um comprimento total de três pés. Assim, para medir comprimentos, temos que determinar a igualdade de comprimentos e a adição de comprimentos. Quando algum teste for aplicado, como o transporte de uma régua, poderemos dizer se os comprimentos são iguais; e quando algum processo for aplicado, de modo a garantir que os comprimentos sejam contíguos e não sobrepostos, poderemos dizemos se os comprimentos foram adicionados para formar um comprimento inteiro. Mas não podemos aceitar arbitrariamente qualquer teste como teste de igualdade e qualquer processo como processo de adição. Os resultados das operações de adição e dos julgamentos de igualdade devem estar de acordo com certas condições pré-concebidas. Por exemplo, a adição de dois comprimentos maiores deve resultar em um comprimento maior do que aquela produzida pela adição de dois comprimentos menores. Essas condições pré-concebidas, quando formuladas com precisão, podem ser chamadas de axiomas de quantidade. A única questão que pode surgir quanto à sua verdade ou falsidade é se, quando os axiomas são satisfeitos, obtemos necessariamente o que as pessoas comuns chamam de quantidades. Se não o fizermos, então o nome "axiomas de quantidade" será mal aplicado — isso é tudo.

Esses axiomas de quantidade são inteiramente abstratos, assim como as propriedades matemáticas do espaço. Eles são os mesmos para todas as quantidades e não pressupõem nenhum modo especial de percepção. As idéias associadas à noção de quantidade são os meios pelos quais um contínuo, como uma linha, uma área ou um volume, pode ser dividido em partes definidas. Então essas partes são contadas; de modo que os números podem ser usados para determinar as propriedades exatas de um todo contínuo.

Nossa percepção do fluxo do tempo e da sucessão de eventos é o principal exemplo da aplicação dessas idéias de quantidade. Medimos o tempo (como foi dito ao considerar a periodicidade) pela repetição de eventos semelhantes, a queima de polegadas sucessivas de uma vela uniforme, a rotação da Terra em relação às estrelas fixas, a rotação dos ponteiros de um relógio são todos exemplos de tais repetições. Eventos desse tipo são similares à régua em relação aos comprimentos. Não é necessário presumir que os eventos de qualquer um desses tipos são exatamente iguais em duração a cada recorrência. O que é necessário é que se conheça uma regra que nos permita expressar as durações relativas de, digamos, dois exemplos de algum tipo. Por exemplo, podemos, se quisermos, supor que a taxa de rotação da Terra está diminuindo, de modo que cada dia é mais longo do que o anterior em uma pequena fração de segundo. Essa regra nos permite comparar a duração de qualquer dia com a de qualquer outro dia. Mas o essencial é que uma série de repetições, como dias sucessivos, seja considerada a série padrão; e, se os vários eventos dessa série não forem considerados de igual duração, deve ser estabelecida uma regra que regule a duração a ser atribuída a cada dia em função da duração de qualquer outro dia.

Quais são, então, os requisitos que tal regra deve ter? Em primeiro lugar, ela deve levar à atribuição de durações quase iguais a eventos que o bom senso julga possuir durações iguais. Uma regra que faça com que dias de durações violentamente diferentes, e que faça com que as velocidades de operações aparentemente semelhantes variem de maneira totalmente desproporcionais à aparente minuciosidade de suas diferenças, nunca servirá. Portanto, o primeiro requisito é a concordância geral com o senso comum. Mas isso não é absolutamente suficiente para determinar a regra, pois o senso comum é um observador rude e que se satisfaz facilmente. O próximo requisito é que ajustes minuciosos da regra devem ser feitos de modo a permitir as declarações mais simples possíveis das leis da natureza. Por exemplo, os astrônomos nos dizem que a rotação da Terra está diminuindo, de modo que cada dia ganha em comprimento por alguma fração de segundo inconcebivelmente minúscula. A única razão de sua afirmação (como foi dito mais detalhadamente na discussão da periodicidade) é que sem ela teriam que abandonar as leis newtonianas do movimento. A fim de manter as leis do movimento simples, eles alteram a medida do tempo. Este é um procedimento perfeitamente legítimo, desde que seja bem compreendido.

O que foi dito acima sobre a natureza abstrata das propriedades matemáticas do espaço aplica-se com mudanças verbais apropriadas às propriedades matemáticas do tempo. Uma noção do fluxo do tempo acompanha todas as nossas sensações e percepções, e praticamente tudo o que nos interessa em relação ao tempo pode ser comparado às propriedades matemáticas abstratas que atribuímos a ele. Por outro lado, o que foi dito sobre os dois requisitos para a regra pela qual determinamos a duração do dia, também se aplica à regra para determinar o comprimento de uma medida de jarda, ou seja, a medida de jarda parece manter o mesmo comprimento à medida que se move. Consequentemente, qualquer regra deve revelar que, exceto por mudanças mínimas, ela permanece de comprimento invariável; Novamente, o segundo requisito é este, uma regra definida para mudanças minuciosas deve ser declarada que permite a expressão mais simples das leis da natureza. Por exemplo, de acordo com o segundo requisito, as medidas de jardas devem expandir-se e contrair-se com as mudanças de temperatura de acordo com as substâncias de que são feitas.

Além do fato de que nossas sensações vêm acompanhadas de percepções de localidade e de duração, e que linhas, áreas, volumes, e durações, são cada uma, à sua maneira, quantidades, a teoria dos números seria de uso muito subordinado na exploração das leis do Universo. Como está, a ciência física repousa sobre as principais idéias de número, quantidade, espaço e tempo. As ciências matemáticas associadas a elas não formam o todo da matemática, mas são o substrato da física matemática atualmente.

BIBLIOGRAFIA

A dificuldade que os iniciantes encontram no estudo desta ciência se deve à grande quantidade de detalhes técnicos que foram acumulados nos livros didáticos elementares, que obscurecem as idéias importantes.

Os primeiros temas de estudo, além de um conhecimento de aritmética que é pressuposto, devem ser geometria elementar e álgebra elementar. Os cursos em ambas as disciplinas devem ser curtos, dando apenas as idéias necessárias; a álgebra deve ser estudada graficamente, de modo que, na prática, as idéias da geometria de coordenadas elementar também sejam assimiladas. O próximo par de assuntos deve ser trigonometria elementar e a geometria coordenada da linha reta e do círculo. Este último assunto é curto; pois realmente se funde com a álgebra. O aluno estará então preparado para entrar em secções cônicas, podendo fazer um curso curto de secções cônicas geométricas e um curso mais longo de cônicas analíticas. Mas em todos esses cursos deve-se tomar muito cuidado para não sobrecarregar a mente com mais detalhes do que o necessário para a exemplificação das idéias fundamentais.

O cálculo diferencial e depois o cálculo integral agora já poderão ser atacados, seguindo o mesmo sistema. Um bom professor já os terá ilustrado considerando casos especiais no curso de álgebra e de geometria de coordenadas. Algum livro curto sobre geometria tridimensional também deve ser lido.

Esse plano de curso elementar de matemática é suficiente para alguns tipos de carreira profissional. É também a preliminar necessária para quem deseja estudar o assunto por seu interesse intrínseco. Após isso, o estudante estará preparado para iniciar um curso mais extenso. Ele não deve, entretanto, esperar ser capaz de dominá-lo como um todo. A ciência atingiu proporções tão vastas que provavelmente nenhum matemático vivo pode afirmar ter alcançado isso.

Passando aos tratados sérios sobre o assunto a serem lidos após este curso preliminar, pode-se citar o seguinte: Cremona's Pure Geometry (English Translation, Clarendon Press, Oxford), Hobson's Treatise on Trigonometry, ChrystaPs Treatise on Álgebra (2 volumes), Salmon's Seções Cônicas, Cálculo Diferencial de Lamb e algum livro sobre Equações Diferenciais. O aluno provavelmente não desejará dar igual atenção a todos esses assuntos, mas estudará um ou mais deles, de acordo com o que for ditado por seu interesse. Ele, então, estará preparado para selecionar trabalhos mais avançados para si mesmo e mergulhar nas partes mais elevadas do assunto. Se seu interesse está na análise, ele deve agora dominar um tratado elementar sobre a teoria das funções da variável complexa; se ele prefere se especializar em geometria, ele deve agora prosseguir para os tratados padrão sobre a geometria analítica de três dimensões. Mas, neste estágio de sua carreira de aprendizado, ele não precisará dos conselhos desta nota.

Eu deliberadamente evitei mencionar qualquer obra elementar. Elas são muito numerosas e de vários méritos, mas nenhuma tem superioridade tão notável que requeira menção especial pelo nome, levando à exclusão de todas as outras.

www.ingramcontent.com/pod-product-compliance
Lightning Source LLC
Chambersburg PA
CBHW070637220526
45466CB00001B/210